처음부터 생명과학이
이렇게 쉬웠다면

처음부터 생명과학이 이렇게 쉬웠다면

사마키 다케오 · 사마키 에미코 지음 | 이정현 옮김 | 박재근 감수

한국경제신문

많은 사람이 과학을 더 쉽게 이해하고 싶어 한다. 과학은 복잡하고 다가가기 어려운 학문이라는 인식이 강하기 때문이다. 한편 과학을 전공한 전문가들도 대중에게 과학을 더 쉽고 친숙하게 전달하고 싶어 한다. 좀 더 많은 이들이 과학에 관심을 가졌으면 하는 바람이 있기 때문이다. 그래서 시중에는 전문가들이 생활 속 과학 사례를 이야기로 풀어 출간한 책이 많다. 쉬운 과학책을 찾는 독자의 욕구와, 독자의 흥미를 유발하고자 하는 저자의 욕구가 만난 결과다.

나(사마키 다케오) 역시 같은 생각이었다. 나는 중·고등학교 과학 교과서를 만드는 집필자이자 편집위원이고 현장에서 학생들을 가르치는 선생님이었다. 30여 년간 교단에서 과학에 흥미를 느끼지 못하는 학생들을 바라보며 과학이 얼마나 신기하고 흥미진진한 학문인지 알려주고 싶었다. 그러나 정부의 지침에 따라 만들어야 하는 교과서는 많은 부분에 제한이 있어, 교과서만으로는 학생들에게 그 재미를 전달하기가 힘들었다. 그래서 생활에서 찾을 수 있는 과학 지식과 다양한 실험 사례를 이야기로 풀어낸《재밌어서 밤새 읽는 화학 이야기》,《재밌어서 밤새 읽는 물리 이야기》등을 집필했고, 다행히 이 책들이 독자들의 큰 사랑을 받아 베스트셀러가 되었다. 너무나 감사한 일이다.

그런데 이러한 책들이 많이 나오고 베스트셀러가 되어도, 사람들은 여전히 과학을 낯설고 어렵게 느끼는 것 같았다. 화학, 물리, 생명과학 등 과학 과목 역시 학생들이 여전히 배우기 싫어하는 과목이었다. 그래서 다시 고민을 시작했다. 무엇이 문제일까?

그러던 중 이 수많은 교양 과학서의 한계가 어디에 있는지 깨달았다. 대부분의 책이 과학에 대한 호기심은 자극했지만 실제로 정돈된 지식을 쌓는 데는 도움을 주지 못하고 있었다. 사례 위주로 다루다 보니 파편적 지식을 짤막하게 소개하는 데 그칠 수밖에 없기 때문이다.

그러면 아무리 즐겁게 읽은 내용이라도 쉽게 휘발되어 버린다. 재미난 이야기로 구성된 과학책을 많이 읽어도 여전히 과학이 어렵게 느껴지는 이유가 여기에 있었던 것이다.

따라서 나는 생활 속 과학 이야기가 아닌, 과학의 기초를 쉽고 재미있게 전달해주는 과학 시리즈를 쓰기로 마음먹었다. 기본 원리 자체를 모르면 아무리 흥미로운 사례를 풍부하게 읽는다고 해도 자기만의 지식이 되지 않기 때문이다. 그 결과물이 바로《처음부터 과학이 이렇게 쉬웠다면》시리즈다. 초·중등 과학 교과 과정에서 다루는 핵심 내용을 화학, 물리, 생명과학으로 나누어 뽑은 후 기초 원리를 차근차근 설명했다. 귀여운 야옹 군과 박사님 캐릭터가 소개하는 그림 자료도 풍성하게 넣어 읽는 재미에도 신경을 썼다. 청소년뿐 아니라 교양 과학에 관심이 많은 성인 독자도 즐겁게 읽으면서 핵심 원리를 기억할 수 있는 책이 되도록 노력했다. 그렇게 주요 원리를 익히고 나면 수많은 교양 과학서들이 더 깊이 있게 눈에 들어올 것이다. 모쪼록 신비로운 과학의 세계를 전체적으로 파악하고 기본이 되는 뼈대를 세우고, 무엇보다 과학적 사고방식을 장착하는 데에 이 시리즈가 도움이 되길 바란다.

사마키 다케오, 사마키 에미코

○ **저자의 말**   004

제1장

식물은 어떻게 살아갈까?

1	**생물일까, 무생물일까?**	014
2	**동물일까, 식물일까?**	015
3	**식물은 물만 먹고 살까?**	018
4	**광합성, 스스로 영양분을 만드는 비밀**	020
5	**식물의 몸은 어떻게 생겼을까?**	028
6	**햇빛을 더 많이 받고 싶어!**	029
7	**잎은 어떻게 구성되어 있을까?**	037
8	**식물도 호흡한다고?**	038
9	**줄기에서는 무슨 일이 일어날까?**	040
10	**뿌리는 어떤 역할을 할까?**	042
11	**꽃은 왜 피고 열매는 왜 생길까?**	043

제2장

식물은 어떻게 발달해왔을까?

1	**먼 옛날엔 식물이 바다에 살았지**	050
2	**식물의 조상, 조류**	051
3	**식물, 육지로 올라오다**	052

4 땅에 뿌리내리기 시작한 식물 054

5 건조한 곳에서도 사는 식물이 나타나다 056

6 식물을 분류하는 법 058

제3장

동물은 어떻게 살아갈까?

1 동물을 분류하는 법 062

2 육식 동물은 어떻게 살아갈까? 064

3 초식 동물은 어떻게 살아갈까? 071

4 인간의 몸은 다른 동물과 어떻게 다를까? 077

5 인간은 어떻게 영양분을 섭취할까? 081

6 심장이 쉬지 않고 뛰는 이유 091

7 몸속 노폐물은 어떻게 빠져나갈까? 098

8 우리 몸을 지키는 면역 시스템 100

9 신경계, 몸의 사령탑 103

제4장

동물은 어떻게 발달해왔을까?

1 척추동물은 어떤 특징이 있을까? 110

2 척추동물의 조상, 창고기 113

3 무척추동물은 어떤 특징이 있을까? 115

제5장

생물은 모두 세포로 이루어져 있어

1	세포란 무엇일까?	124
2	우리 몸에 있는 세포들	127
3	세포 수가 늘어나는 방법	128
4	동물은 어떻게 번식할까?	131
5	발생, 세포가 성장하는 과정	134
6	식물은 어떻게 번식할까?	135

제6장

생물의 특징은 유전된다

1	유전이란 무엇일까?	140

제7장

생물은 서로 어떤 관계를 맺고 있을까?

1	먹고 먹히는 관계, 먹이 사슬	156
2	안정적인 생태계를 만드는 먹이 그물	158
3	생태 피라미드의 의미	163
4	생태계 평형을 유지하기 위해	165
5	유기물을 분해하는 고마운 생물들	170

제8장

생물은 어떻게 진화해왔을까?

1	진화란 무엇일까?	174
2	진화의 시작, 돌연변이	177
3	자연 선택설	179

제9장

인간은 어떻게 탄생했을까?

1	최초의 생명체가 원시 바다에서 태어나다	184
2	광합성을 하는 생물이 등장하다	186
3	바닷속에서 생물이 폭발적으로 증가하다	188
4	왜 오랫동안 땅 위에는 생물이 없었을까?	190
5	식물이 땅 위로 진출하다	191
6	식물을 따라 동물도 땅 위에 등장하다	193
7	파충류가 지구를 지배하다	195
8	포유류가 번성하다	197
9	인류의 진화	198

○	찾아보기	206

식물은 어떻게 살아갈까?

식물은 광합성을 통해 스스로 영양분(유기물)을 만든다. 우리 주변의 식물을 관찰해보면 잎이 햇빛을 골고루 받을 수 있도록 서로 겹치지 않게 배열되어 있거나, 줄기 역시 햇빛을 받기 위해 길게 뻗어 있는 모습을 확인할 수 있다. 이 장에서는 광합성을 중심으로 식물이 어떻게 성장하고 식물의 각 부분이 어떤 역할을 하는지 알아보자.

·1· 생물일까, 무생물일까?

문제 다음 중 생물을 골라보자.

태양

잠자리

박사님

화산

민들레

사자

보자, 보자~
태양까지!?!

산호

고래

야옹 군

생물은 호흡하고, 영양분을 섭취하고, 성장하고, 자손을 남기고(동족을 늘리고), 세포로 이루어져 있다는 특성이 있다. 숨을 쉬고 영양분을 흡수해 자라는 존재가 생물인 것이다.

한편, '살아 있다'는 것은 '언젠가 반드시 죽는다'는 의미기도 하다. 어떠한 생물도 죽음을 피할 수 없다. 그래서 모든 생물은 자신의 유전자를 이어받은 자손을 남긴다.

정답 잠자리, 사자, 민들레, 고래, 산호

· 2 · 동물일까, 식물일까?

문제 다음 생물 중 동물을 골라보자.

생물은 크게 동물과 식물로 나눌 수 있어.

잠자리

사자

민들레

민들레는 식물이에요. 산호도 식물이죠?

고래

산호

생물은 크게 동물과 식물로 나눌 수 있다. '사자와 고래는 동물이지만, 잠자리는 곤충이지'라고 생각하는 사람도 있을 것이다. 물론, 잠자리는 새끼가 아니라 알을 낳는 곤충이다. 하지만 사자나 고래같이 새끼를 낳고 젖을 먹여서 키우는 포유류만 동물인 건 아니다. 잠자리도 스스로 몸을 움직일 수 있고 다른 생물을 잡아먹기 때문에 동물이다.

그렇다면 산호는 동물일까, 식물일까? 옛날 사람들은 산호를 식물이라고 생각했다. 다른 곳으로 이동하지 않으며 한곳에 고정적으로 살고 있고 꽃이 핀 것처럼 보이기 때문이다. 학자들이 산호를 동물로 인정하기 시작한 것은 1800년경의 일이다. 많은 사람이 꽃이라고 여겼던 부분은 말미잘 같은 구조를 가진 몸의 일부라는 사실이 밝혀졌다. 산호는 주로 물속에 있는 작은 동물성 플랑크톤이나 식물성 플랑크톤을 잡아먹는데, 식물성 플랑크톤을 자신의 몸에 정착시킨 뒤 거기에서 영양분을 얻으며 살아가는 산호도 있다.

정답 | 잠자리, 사자, 고래, 산호

산호는 물속에서 플랑크톤을 잡아먹는다. 산호도 동물계의 당당한 일원인 것이다.

⊙ 생물의 5계 ⊙

생물을 분류할 때 가장 쉬운 방법은 '동물'과 '식물'로 나누는 것이다. 하지만 이렇게 두 가지로만 나누면 곰팡이나 버섯 같은 생물은 분류하기 어렵다. 따라서 '동물계', '식물계'에 '균계'를 추가한다. 또한 우리가 눈으로 직접 보지 못하는 생물도 분류해야 한다. 따라서 아메바 같은 단세포 생물과 해조류로 이루어진 '원생생물계', 세균류처럼 핵막이 없는 단세포 생물로 이루어진 '원핵생물계'를 추가한다. 이렇게 생물을 분류하는 방법을 '생물의 5계'라고 한다. 여기서 주의해야 할 점은 생물의 5계도 학자에 따라 분류하는 방법이 다르기 때문에 절대적인 분류법은 아니라는 사실이다.

그림 생물을 분류하는 방법

생물의 5계

동물계 식물계 균계

원생생물계 원핵생물계

·3· 식물은 물만 먹고 살까?

문제 화분에 버드나무(2.27kg)를 심은 뒤 물만 주면서 키웠다. 5년이 지나서 나무의 무게를 재보니 76.74kg이었다. 그렇다면 화분 안의 흙은 얼마나 줄었을까?

답을 골라보렴~

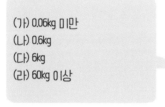

(가) 0.06kg 미만
(나) 0.6kg
(다) 6kg
(라) 60kg 이상

흙의 무게?

나무가 76kg이나 되었으니 흙은 꽤 줄었을 거야.

고대 그리스의 철학자 아리스토텔레스는 "식물은 물구나무서기를 한 동물이다"라고 했다. 식물은 뿌리에서 영양분을 섭취해 살아가니 뿌리가 식물의 입인 셈이라고 생각한 것이다. 이러한 인식은 오랜 시간 많은 사람에게 퍼져 있었다.

그로부터 약 2000년이 지난 17세기에 벨기에 의사 얀 밥티스타

판 헬몬트(Jan Baptista van Helmont)는 식물이 생존에 필요한 영양분을 모두 흙에서 흡수한다면, 식물이 자란 만큼 흙의 무게가 줄어들 것이라고 생각했다. 그래서 5년 동안 버드나무에 물만 주면서 성장을 관찰하는 실험을 했다. 실험을 시작할 때는 2.27kg이었던 버드나무가 5년 뒤 76.74kg이 되었다. 5년 동안 70kg 이상 무게가 늘어난 것이다.

식물은 80~90%가 물로 이루어져 있다. 나머지 10~20%는 물이 아닌 물질이다. 따라서 어림잡아 계산해보면, 헬몬트가 키운 버드나무에 물 이외의 물질이 7~14kg 정도 늘었다는 것을 알 수 있다. 그렇다면 흙의 무게도 그만큼 줄었을까? 그렇지 않다. 흙은 0.056kg밖에 줄지 않았다.

헬몬트는 '버드나무에는 물만 주었으니 뿌리에서 흡수한 물 때문에 나무의 무게가 늘어난 것'이라고 결론지었다. 오늘날 우리는 이러한 결론이 틀렸다는 것을 알고 있다. 하지만 헬몬트의 실험은 식물이 동물과는 다른 방식으로 생존한다는 것을 보여주었다는 데 의미가 있다.

식물이 공기 중의 이산화 탄소를 흡수해 성장한다는 사실이 밝혀진 것은 헬몬트의 실험 뒤 150년이 지난 1804년의 일이다. 그리고 식물이 흡수한 이산화 탄소가 녹말로 바뀐다는 사실은 1862년에야 밝혀졌다.

정답 (가)

·4· 광합성, 스스로 영양분을 만드는 비밀

> **문제** 한여름, 풀이 무성하게 자라 있는 곳에 알루미늄 포일로 감싼 골판지 상자를 덮어서 풀에 빛이 들지 않도록 했다. 공기는 통하게 하고 3주 동안 내버려두면 빛이 차단된 상자 안의 풀은 어떻게 될까?
>
> (가) 대부분의 풀이 말라버린다
>
> (나) 풀이 마르지는 않지만 성장하지도 않는다
>
> (다) 조금은 성장한다

녹색식물은 빛에너지를 이용해 잎 속의 엽록체에서 이산화 탄소와 물을 가지고 포도당을 합성한다. 이때 산소도 만들어진다. 식물의 이러한 작용을 광합성이라고 한다.

광합성은 식물이 빛에너지를 이용해 물과 이산화 탄소에서 유기물과 산소를 만들어내는 반응이다. 다르게 생각하면, 빛에너지를 유기물 속에 가두는 것이라고도 할 수 있다.

지구상의 생물 중에 무기물에서 유기물을 만들 수 있는 것은 식물이 대표적이다. 하지만 식물이 빛을 받지 못하면 광합성은 일어나지 않는다. 그리고 광합성으로 만들어 저장해둔 영양분을 모두 사용하면 식물은 말라버리고 만다.

> **정답** (가)

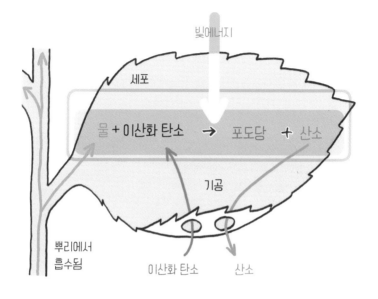

빛에너지

세포

물 + 이산화 탄소 → 포도당 + 산소

기공

뿌리에서 흡수됨

이산화 탄소   산소

느긋하게 햇볕을 쬐면서 물을 마시고
숨만 쉬면 된다니!
너무 행복할 것 같아요~😋

흠, 편해 보이긴 하지만…
과연 정말 그럴까?

야옹 군이라면….

으앙~
꼬르륵~

배고파! 움직이지 못하는 건
좋은 게 아니었어!

문제 다음 사진에서 볼 수 있듯이 자소엽이나 다시마처럼 녹색이 아닌 식물도 있다. 이러한 식물에도 엽록소가 있을까?

(개) 엽록소는 없고 엽록소를 대신하는 다른 물질이 있다

(내) 엽록소는 있지만 다른 색소에 가려져서 보이지 않는다

(대) 엽록소는 있지만 다른 물질과 섞여 있어서 다른 색으로 보인다

자소엽

다시마

엽록체는 주로 식물 세포 안에 있는 것으로 녹색의 광합성 색소인 엽록소를 포함한 입자다. 여기에서 광합성이 일어난다.

식물의 잎이 녹색으로 보이는 이유는 잎 세포의 엽록체에 포함된 엽록소가 녹색 파장의 빛을 반사시키고 파란색과 붉은색 파장의 빛을 주로 흡수하기 때문이다.

자소엽과 다시마에도 엽록소가 있다. 이것들을 40~50℃인 에탄올에 담가 보자. 시간이 조금 지나면 엽록소가 녹아 나오기 시작해서 에탄올이 녹색으로 변하는 것을 볼 수 있다.

정답 (나)

가을이 오면 식물의 잎은 빨갛고 노랗게 물든다. 우리는 그것을 '단풍'이라고 부른다. 단풍이 드는 과정은 단풍의 색에 따라서 조금씩 다르다.

단풍나무나 꽃산딸나무는 가을이 되어 기온이 낮아지면 아름다운 붉은빛으로 물든다. 잎의 세포 안에 있는 엽록소가 분해되어 사라지기 때문이다. 동시에 잎에 공급되는 수분의 양은 줄고, 잎에서 만들어진 포도당을 뿌리와 줄기로 보내는 속도가 느려진다. 그러면 포도당이 잎에 쌓이게 되는데 이것을 사용해 붉은 색소(안토사이아닌)가 만들어진다.

은행나무가 노랗게 물드는 것도 단풍나무와 마찬가지로 엽록소가 분해되어 없어지기 때문이다. 하지만 노란색 색소가 새롭게 만들어지는 것이 아니라, 엽록소의 녹색이 사라지면서 원래 잎에 있

붉게 물든 단풍나무 잎

노랗게 물든 은행나무 잎

던 노란색 색소(카로티노이드)가 선명하게 드러나 잎이 노란색으로 변하는 것이다.

⊙ 어떻게 광합성량을 늘릴 수 있을까? ⊙

광합성량에 영향을 주는 조건은 다음 세 가지다.

- 빛: 빛이 강할수록 광합성은 활발하게 일어난다. 하지만 일정 세기 이상이 되면 광합성량은 더 이상 증가하지 않는다.
- 이산화 탄소: 이산화 탄소의 농도가 증가할수록 광합성은 활발하게 일어난다. 하지만 일정 농도 이상이 되면 광합성량은 더 증가하지 않고 일정해진다.
- 온도: 적정한 온도에서 광합성이 활발하게 일어난다. 온도가 너무 높거나 너무 낮으면 광합성량은 급격히 감소한다.

녹색식물이 광합성을 해서 만드는 것은 포도당이다. 그리고 포도당을 여러 개 결합해 녹말을 만드는데, 이것을 '동화 녹말'이라고 부른다.

녹색식물은 광합성으로 만들어낸 탄수화물(포도당, 녹말)과 흙에서 흡수한 아주 적은 양의 비료(질소, 인)를 사용해 단백질과 지방을 합성한다.

그림 포도당과 녹말 분자

녹말 분자   포도당

포도당 여러 개를 이어서 만들어요.
● 가 포도당 분자 하나를 나타내지요.

지구상에서 최초로 탄생한 생물은 유기물을 만들지 못했다. 만약 지구에 그런 생물밖에 없었다면 얼마 안 가 지구상의 유기물은 모두 바닥나서 생물이 살아남지 못했을 것이다.

　다행히, 태양의 빛에너지와 함께 지구상에 풍부한 물질인 물과 이산화 탄소를 활용해 유기물을 만드는 생물이 등장하면서 지구는 다양한 생물이 살아가는 풍요로운 곳으로 바뀌었다.

　이산화 탄소를 흡수하고 산소를 방출하는 생물은 지구 대기의 성분까지 변화시켰다. 원시 지구의 대기는 이산화 탄소, 질소, 수증기로 이루어져 있었다. 광합성을 하는 생물은 이산화 탄소를 유기물로 바꾸었고 그중 일부는 땅속에 묻혀서 화석 연료가 되었다. 그러면서 대기 중의 이산화 탄소 양은 매우 줄어들었다. 또한 광합성을 통해 산소가 공기 중으로 방출되어서 현재는 대기의 약 21%를 산소가 차지하고 있다.

자외선

오존층

생물이 광합성을 해서 산소를 방출하니까 대기 중에는 산소가 많아졌고, 산소 중 일부는 대기에서 오존층이 되었어. 그러면서 지구는 다양한 생물이 살아가는 곳이 된 거야.

·5· 식물의 몸은 어떻게 생겼을까?

식물의 몸은 영양분을 만드는 잎과 영양분을 사용하는 뿌리, 줄기, 꽃으로 나뉜다. 녹색 줄기나 녹색 열매에서도 광합성이 일어나기는 하지만, 대부분의 광합성은 잎에서 일어난다.

대부분의 식물은 줄기를 높이 뻗어 잎을 매달고 있다. 그리고 잎은 가능한 한 넓게 퍼져 붙어 있다. 최대한 빛을 많이 받기 위해서다. 뿌리는 흙 속에서 물과 무기양분을 흡수하는 동시에 줄기를 지탱하는 역할을 한다.

그림　식물의 구조

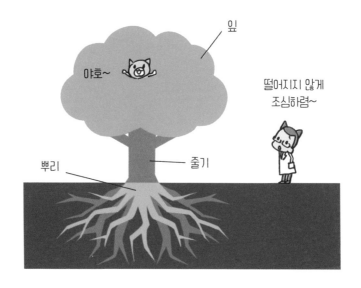

·6· 햇빛을 더 많이 받고 싶어!

어떤 식물이든 광합성을 한다는 점은 똑같다. 하지만 몸의 구조는 천차만별이다. 줄기나 잎이 나는 방식에 주목해 식물을 살펴보면 몇 가지 유형으로 나눌 수 있는데 이것을 '생활형'이라고 한다. 예를 들어 봄망초는 줄기가 곧게 자라는 '직립형 식물'이고, 민들레는 땅에 붙어서 자라는 '방석 식물'이며, 토끼풀은 줄기가 바닥을 기면서 자라는 '포복형 식물'이다. 또 새포아풀은 여러 장의 잎이 한꺼번에 나는 '모여나기형 식물'이며, 거지덩굴은 줄기가 벽을 타고 뻗어나가는 '덩굴 식물'이다.

민들레는 잎을 위에서 내려다보면 평평하게 방사형으로 퍼져 있는 방석 식물이다. 이렇게 잎이 나 있으면 더욱 많은 빛을 받을 수 있다. 그리고 보통 땅의 온도는 기온보다 조금 높다. 그래서 겨울처럼 기온이 낮을 때에 땅 가까이에서 잎을 펼칠 수 있다는 장점도 있다. 하지만 땅 가까이에 있기 때문에 다른 식물에게 둘러싸여 있을 때는 빛을 받기 어렵다는 단점이 있다. 이런 경우에는 조금이라도 빛을 더 받으려고 잎을 세우기도 한다. 하지만 주변에 키가 큰 식물이 많으면 결국 말라버리고 만다. 그래서 방석 식물은 노출이 잘되어 있는, 밟히기 쉬운 곳에 자리를 잡고 살아간다. 줄기가 매우 짧으니 아무리 밟혀도 여간해서는 줄기가 꺾이지 않는다. 줄기만 제대로 있으면 잎이 망가지더라도 다시 새잎이 돋는다. 한 번만 밟혀도 줄기가 꺾여버리는 직립형 식물에게서는 볼 수 없는 생존 방식이다.

● 덩굴 식물이 살아남는 법

소나무를 감고 올라가는 칡덩굴을 본 적이 있는가? 칡덩굴을 보고
있으면 동화《잭과 콩나무》에 등장하는 마법의 콩나무가 떠오른
다. 칡은 콩과 식물이다.

칡은 봄이 끝날 무렵에 싹을 틔우고 주변의 키가 큰 나무에 덩굴
을 휘감으며 잎을 펼쳐간다. 자신의 몸을 지탱할 줄기를 만들지 않
아도 되어서 직립형 식물보다 빠르게 위로 뻗어나갈 수 있다. 따라
서 빛을 받기 위한 경쟁에 강하다. 물론 빛이 닿는 곳까지 올라가
려면 계속해서 덩굴을 길게 뻗어야 한다. 덩굴을 만들기 위해 필요
한 영양분은 지난해에 뿌리에 모아둔 것을 알뜰하게 사용한다. 칡
은 여름 동안 광합성을 통해 영양분을 충분히 모아두고, 가을이 되
면 붉은빛이 도는 자주색 꽃을 피우고 씨를 만든다. 그리고 겨울이
되면 땅 위의 부분은 말라간다.

직립형 식물

봄망초

방석 식물

민들레

포복형 식물

토끼풀

모여나기형 식물

새포아풀

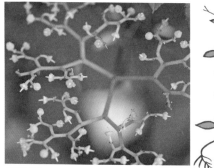

덩굴 식물

거지덩굴

● 얼레지가 살아남는 법

주로 높은 산이나 고원지대에 사는 얼레지는 백합과의 식물이다. 상수리나무나 졸참나무 같은 낙엽수로 이루어진 숲에서 산다. 나무들이 잎을 충분히 펼치기 전인 이른 봄에 줄기와 잎을 키워서 아름다운 자주색 꽃을 피운다. 그리고 주변의 나무들이 잎을 펼치는 초여름이 오면 땅 위의 부분은 마르고 땅속의 뿌리줄기와 씨만 남아서 가을과 겨울을 조용히 보낸다.

얼레지처럼 봄에만 생활하는 식물을 '초봄 식물'이라고 한다. 봄 한철을 빛내는 식물이라 '봄의 요정'이라 불린다. 민들레나 해바라기처럼 한여름의 강렬한 햇빛 아래에서 살면 영양분을 더 많이 만들 수 있을 텐데 얼레지는 왜 그렇게 하지 않을까? 얼레지의 키는 20cm밖에 되지 않는다. 따라서 키 큰 나무가 무성한 숲속에서 살아남으려면 다른 나무들이 잎을 충분히 키우기 전에 영양분을 모으고 자손을 남겨야 한다. 보통 얼레지는 한두 달 사이에 꽃을 피우고 씨를 만들어 다음 해를 준비한 뒤 말라버린다. 그래서 광합성을 할 수 있는 시간이 적어 매년 조금씩 양분을 축적해야 하기 때문에 꽃을 피우기까지 7~8년이 걸린다고 한다.

얼레지는 키 큰 나무들이 잎을 충분히 펼치기 전인 초봄에 빨리 꽃을 피우고 씨를 만들지.

왠지 불쌍해요.

얼레지 꽃

◉ 나무와 풀은 어떻게 다를까? ◉

문제 1 다음 과일을 풀에서 나는 것과 나무에서 나는 것으로 나눠보자.

(가) 감 (나) 바나나 (다) 파인애플

문제 2 나무에 대한 설명으로 옳은 것을 모두 골라보자.

(가) 수명이 길어서 몇십 년에서 몇백 년까지 산다

(나) 수명이 짧아서 몇 년밖에 살지 못한다

(다) 몸을 구성하는 대부분의 세포가 살아 있다

(라) 몸을 구성하는 대부분의 세포가 죽어 있다

(마) 겨울에는 땅 위의 부분이 시든다

(바) 겨울에도 땅 위의 부분이 시들지 않는다

일반적으로 풀은 빠르게 성장하고 나무는 천천히 성장한다. 풀은 줄기와 뿌리가 부드럽지만, 나무는 줄기와 뿌리를 단단하게 만들면서 성장하기 때문이다. 대부분의 풀은 겨울이 되면 땅 위의 잎과 줄기가 말라버리지만 나무는 땅 위로 나온 부분이 마르지 않는다. 잎이 떨어지기는 하지만 줄기는 남는다. 풀은 생존 기간에 따라서

정답 **[문제 1]** 나무에서 나는 것은 (가), 풀에서 나는 것은 (나), (다)이다.

[문제 2] (가), (라), (바)

일년초, 다년초로 나누는데, 대나무와 같이 나무인 것처럼 여겨지는 여러해살이 초본식물도 있다.

풀 한 포기 없는 황무지를 떠올려보자. 그곳에 봄이 찾아오면 나무와 풀의 씨앗에서 싹이 돋아나기 시작한다. 나무와 풀 모두 빛을 받아서 광합성을 한다. 풀은 광합성으로 얻은 영양분을 사용해 줄기를 높이 뻗어나간다. 나무는 광합성으로 얻은 영양분을 이용해 줄기와 뿌리를 단단하고 튼튼하게 키운다. 그렇게 되면 풀은 나무보다 빨리 키가 커서 빛을 받기 위한 경쟁에서 나무를 이기고 더 많은 빛을 얻을 수 있게 된다. 그 결과, 아무것도 없던 땅은 어느새 온통 풀로 뒤덮인다. 빛을 받기 위한 경쟁에서 패배한 나무들은 대부분 말라간다. 하지만 그중에서 살아남는 나무도 있다. 그렇게 시간은 흐르고 몇 번의 봄이 지나간다.

풀은 매년 지표면에서 자라기 시작한다. 씨앗이나 땅속의 줄기에서 싹이 트고 자라난다. 풀에 비하면 나무는 해가 갈수록 더 높은 곳에서 생을 시작할 수 있다. 나무는 서서히 키가 크고 튼튼해져서 마침내 빛을 받기 위한 경쟁에서 역전하게 된다. 처음에는 풀로 뒤덮였던 땅이 시간이 흘러 숲으로 바뀌는 것이다. 물론 숲에도 잡초가 자라기는 하지만, 초원에서 자라는 풀과는 전혀 다른 종류다. 그러므로 기온이 온난하고 강수량이 많은 지역에서 허허벌판을 수십 년 동안 방치해두면 숲이 만들어질 것이다.

·7· 잎은 어떻게 구성되어 있을까?

잎에서는 광합성과 증산 작용이 일어난다. 잎 표면에는 엽록체가, 잎의 뒷면에는 기공이 분포되어 있다. 단, 수련처럼 잎의 뒷면이 물에 닿아 있어서 잎 표면에 기공이 있는 식물도 있다. 기공은 물과 공기가 드나드는 작은 구멍이다. 2개의 공변세포가 짝을 이루어 구멍을 만드는데, 공변세포 안의 수압 변화를 이용해 기공을 열고 닫는다. 기공에서 물을 수증기 형태로 배출하는 것을 '증산'이라고 한다. 증산 작용이 일어나면 수분이 줄어들기 때문에 부족한 수분을 보충하기 위해 다시 뿌리를 통해 수분을 흡수한다. 기공은 수증기가 나가는 통로인 동시에, 이산화 탄소와 산소의 출입구이기도 하다.

그림   기공의 변화

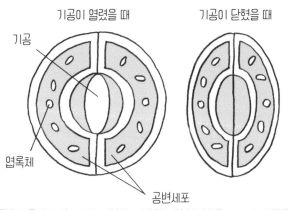

기공이 열렸을 때   기공이 닫혔을 때

기공

엽록체

공변세포

기공은 보통 밤에 닫히고 낮에 열린다. 선인장처럼 건조한 곳에서 사는 식물들 중에는 기공이 낮에 닫히고 밤에 열리는 종류가 많다.

·8· 식물도 호흡한다고?

생물이 살아가려면 에너지가 필요하다. 먹이가 있는 곳을 찾아가는 것, 적의 접근을 알아차리는 것, 잘 성장하는 것은 모두 에너지가 있어야 가능한 일이다. 이렇게 살아가는 데 필요한 에너지를 만드는 것이 바로 호흡이다.

문제 다음 중 올바른 것을 골라보자.

(가) 식물은 밤이나 낮이나 언제나 호흡을 한다

(나) 식물은 밤에만 호흡을 한다

(다) 식물은 호흡하지 않아도 생존할 수 있다

그림 광합성과 호흡에 따른 물질 변화

광합성

물 + 이산화 탄소 + 빛에너지
↓
탄수화물(포도당, 녹말) + 산소

호흡

탄수화물(포도당, 녹말) + 산소
↓
물 + 이산화 탄소 + 생존에 필요한 에너지

이산화 탄소와 산소의 이동을 주의해서 보자.

정답 (가)

식물이 빛을 받지 못할 때는 호흡만 한다(아래 그림 참조). 공기 중에서 산소를 흡수하고 공기 중으로 이산화 탄소를 방출한다. 그러다 빛을 받으면 광합성을 시작한다.

강한 빛을 받아 광합성이 활발하게 일어나면 호흡으로 방출하는 이산화 탄소보다 광합성으로 흡수하는 이산화 탄소가 더 많아진다. 그렇게 차이 나는 양만큼 공기 중에서 이산화 탄소가 식물 안으로 들어온다. 그리고 광합성이 활발하게 일어나면 호흡에 사용하는 산소보다 광합성으로 방출하는 산소가 더 많아진다. 그렇게 차이 나는 양만큼 산소가 공기 중으로 나간다. 이렇게 식물은 빛을 받을 때도 산소를 사용해 영양분을 분해하고 생명을 유지하는 데 필요한 에너지를 얻는 호흡 작용을 계속한다.

그림 광합성량을 나타낸 그래프

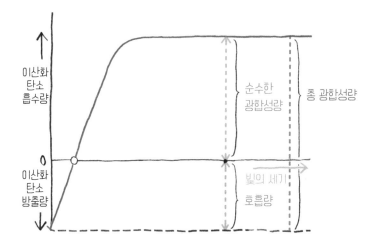

줄기에는 뿌리에서 흡수한 무기양분이 이동하는 '물관'과 잎에서 만들어진 광합성 양분이 이동하는 '체관'이 있고, 이 둘을 합해 '관다발'이라고 한다. 관다발은 뿌리, 줄기, 잎으로 이어진다.

그림 줄기와 뿌리의 관다발

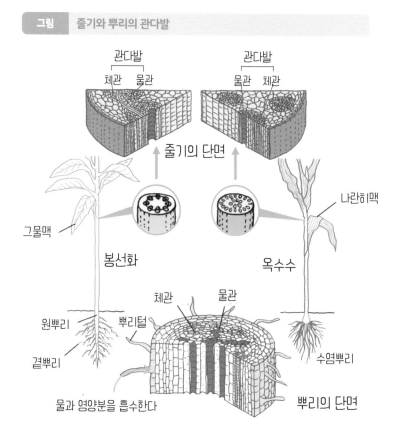

관다발
체관 물관

관다발
물관 체관

줄기의 단면

나란히맥

그물맥

봉선화

옥수수

체관   물관

원뿌리   뿌리털

곁뿌리

수염뿌리

물과 영양분을 흡수한다

뿌리의 단면

봉선화는 쌍떡잎식물이므로 관다발이 줄기의 중심부를 향해 원을 그리며 배열되어 있다. 옥수수는 외떡잎식물이므로 관다발이 줄기 전체에 흩어져 있다. 두 식물의 뿌리 내부 구조는 거의 같다.

나무껍질 바로 안쪽에는 체관이 있다. 그리고 체관과 물관 사이에는 '형성층'이 있다. 형성층은 말 그대로 세포 분열을 해서 새로운 세포를 형성하는 조직이다. 1개의 세포가 2개로 분열되면, 그중 안쪽에 있는 세포는 죽고 세포벽에는 '리그닌'이라는 물질이 쌓인다. 이렇게 죽고 나서 단단해진 세포의 집합체를 '심재'라고 한다. 나무줄기에는 살아 있는 세포보다 죽은 세포가 훨씬 더 많다. 죽은 세포는 영양분이나 산소가 필요하지 않다. 그래서 춥고 광합성을 충분히 하기 어려운 겨울이 오면 살아 있는 세포들은 죽은 세포들의 보호를 받으며 봄을 기다린다.

그림 나무줄기의 단면

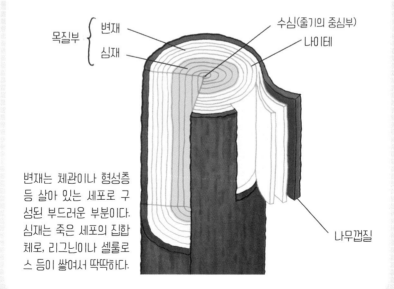

목질부 { 변재, 심재

수심(줄기의 중심부)

나이테

나무껍질

변재는 체관이나 형성층 등 살아 있는 세포로 구성된 부드러운 부분이다. 심재는 죽은 세포의 집합체로, 리그닌이나 셀룰로스 등이 쌓여서 딱딱하다.

·10· 뿌리는 어떤 역할을 할까?

뿌리는 식물체를 지탱하는 동시에 뿌리털을 통해 물이나 무기양분을 흡수하는 역할을 한다. 뿌리에 영양분을 축적하는 경우도 있는데, 보통은 물에 녹지 않는 녹말 형태로 저장한다. 민들레 같은 다년초는 줄기가 짓밟히거나 꺾여도 뿌리에 저장해둔 영양분을 사용해 빠르게 성장할 수 있다.

식물이 생존하는 데 필요한 영양분은 질소, 인, 칼륨으로, 이것을 '비료의 3요소'라고 한다. 토양에서 얻기에 부족한 영양분을 보충하기 위해 비료를 사용한다.

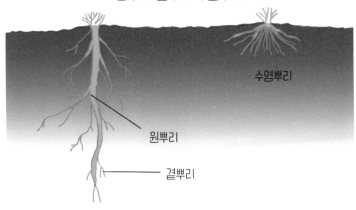

그림 　뿌리의 구조

원뿌리, 곁뿌리, 수염뿌리

수염뿌리

원뿌리

곁뿌리

원뿌리는 중심이 되는 굵은 뿌리고, 곁뿌리는 원뿌리에서 뻗어나가는 가는 뿌리다.
수염뿌리는 가는 뿌리가 지면에서 땅속으로 뻗어나가는 것이다.

•11• 꽃은 왜 피고 열매는 왜 생길까?

> **문제** 다음 중 열매(씨)가 생기는 식물을 모두 골라보자.
>
> (가) 튤립
> (나) 감자
> (다) 잔디
> (라) 삼나무

꽃은 씨를 만드는 종자식물의 생식 기관이다. 생식 기관이란 자손을 남기기 위한 기관이라는 뜻이다. 꽃의 중심에는 암술이 있고, 그 주변에는 수술, 꽃잎, 꽃받침이 있다(그림 참고). 암술의 위쪽 끝부분은 암술머리고, 아래쪽 끝에 부풀어 있는 부분은 씨방이다. 씨방 안에는 작은 알맹이가 몇 개 보이는데 이것이 밑씨다. 수술의 위쪽 끝에는 꽃밥이라는 작은 주머니가 있는데, 여기에서 꽃가루가 만들어진다. 모든 종자식물의 꽃에는 암술과 수술, 또는 암꽃과 수꽃이 있고, 밑씨도 보인다. 씨를 만들기 위해서는 암술과 수술이 꼭 필요하기 때문이다.

대부분의 식물은 꽃이 진 뒤 열매가 맺히고 씨가 만들어진다. 튤립, 감자, 잔디, 삼나무 모두 열매가 맺힌다.

> **정답** 모두 열매(씨)가 생긴다.

● 속씨식물과 겉씨식물

종자식물 중에서 유채나 완두처럼 밑씨가 씨방에 둘러싸여 있고
씨가 열매(과실) 안에서 만들어지는 식물을 '속씨식물'이라고 한다.
그와 달리, 소나무처럼 씨방이 없어서 밑씨가 겉으로 드러나 있는
식물을 '겉씨식물'이라고 한다. 겉씨식물의 꽃에는 꽃잎이나 꽃받
침이 없고, 암꽃과 수꽃이 따로 핀다. 겉씨식물은 밑씨가 드러나 있
어서 속씨식물보다 기온이나 온도 같은 외부 환경에 영향을 받기
쉽다.

그림	속씨식물과 겉씨식물

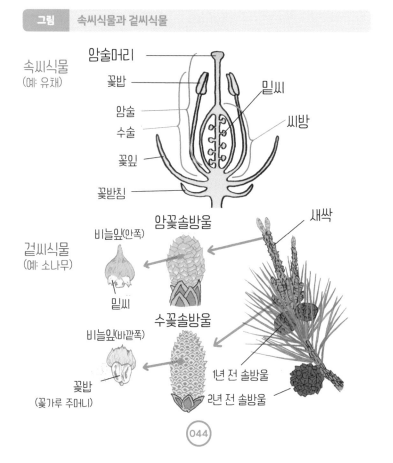

속씨식물
(예: 유채)

암술머리
꽃밥
암술
수술
꽃잎
꽃받침
밑씨
씨방

겉씨식물
(예: 소나무)

암꽃솔방울
비늘잎(안쪽)
밑씨
새싹

수꽃솔방울
비늘잎(바깥쪽)
꽃밥
(꽃가루 주머니)
1년 전 솔방울
2년 전 솔방울

● 속씨식물의 꽃과 열매

대부분의 속씨식물은 꽃이 피는데, 암술 아래쪽의 씨방이 자라서 열매가 되고, 씨방 안의 밑씨가 자라서 씨가 만들어진다. 예외적으로 씨방 외의 부분이 함께 자라서 열매가 되는 식물도 있다.

● 겉씨식물의 꽃과 씨

암꽃에 밑씨를 보호하는 씨방이 없기 때문에 열매는 만들어지지 않지만 씨는 만들어진다.

그림 완두의 꽃과 열매

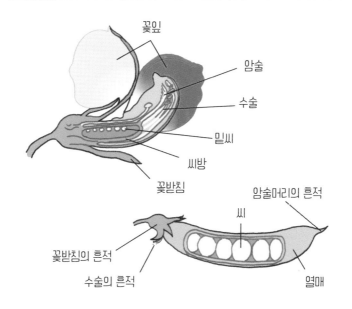

● 튤립과 감자의 열매

튤립은 본래 꽃이 지면 암술의 씨방이 열매가 되고 열매 안에서 씨가 만들어지지만, 주로 땅속줄기로 번식한다. 감자도 씨가 아니라 씨감자로 번식한다. 인간은 감자가 많이 달리는 종을 골라서 재배해왔다. 그 결과, 대부분의 감자가 꽃은 피워도 열매(씨)는 만들지 못하게 되었다. 하지만 감자 밭을 잘 뒤져보면 방울토마토 같은 열매가 발견되기도 한다. 이렇듯 튤립과 감자도 원래는 꽃을 피우고 씨로 번식하는 식물이었다.

◉ 열매에서 찾아보는 꽃의 흔적 ◉

완두의 열매를 보면 앞쪽 끝에는 암술머리의 흔적이, 뒤쪽 끝에는 수술과 꽃받침의 흔적이 남아 있다. 열매는 씨방이 자라서 만들어진 것이고 열매 안의 씨는 밑씨가 성숙한 것이다. 물론 예외도 있는데, 우리가 먹는 사과의 과육 부분은 씨방이 아니다. 사과 안쪽의 움푹 팬 부분을 보면 꽃받침과 수술의 흔적을 발견할 수 있다. 사과 가운데의 심 부분이 원래의 씨방에 해당한다. 껍질을 벗기기 전의 옥수수에는 수염 같은 것이 잔뜩 붙어 있다. 자세히 살펴보면 수염 하나가 씨 하나로 이어진다는 것을 알 수 있다. 이처럼 수염처럼 보이는 것이 바로 암술머리의 흔적이다.

꽃에서 씨가 만들어지기 위해서는, 먼저 수술의 꽃밥에서 나온 꽃가루가 암술머리에 붙어야 한다. 꽃가루가 암술머리에 붙는 것을 가리켜 '수분'이라고 한다. 곤충이나 바람이 암술머리로 옮겨준 꽃가루에서는 암술의 중심으로 꽃가루관이 자라서 밑씨를 향해 뻗어 나간다.

곤충이 꽃가루를 옮겨주는 '충매화'는 곤충의 눈에 띄기 위해 꽃잎을 크고 아름답게 키우고 좋은 향기를 내뿜거나 꿀을 잔뜩 만들어내기도 한다. 참나무과나 볏과 식물은 꽃가루가 바람에 날려 이동하는 '풍매화'다. 곤충의 도움이 필요 없으니 꽃잎이 없고 꽃도 눈에 잘 띄지 않는 구조로 되어 있다.

그림 꽃가루관과 수정

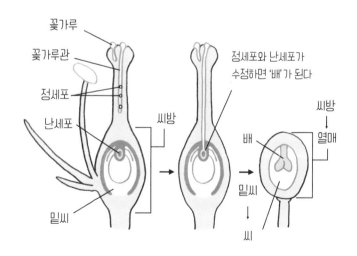

제2장

식물은 어떻게 발달해왔을까?

생물이 땅 위에서 살게 된 것은 약 5억 년 전의 일이다. 그때까지 생물은 바닷속에서 살았고, 육지는 생물이 없는 황량한 세계였다. 바다에서 육지로 올라온 식물이 어떻게 진화했는지 살펴보면서 식물의 종류와 역사를 알아보자.

·1· 먼 옛날엔 식물이 바다에 살았지

옛날에 바닷속에서 살던 식물은 지금의 생물로 따지면 '조류'(藻類)에 해당한다. 처음에는 세포 하나로 이루어진 작은 조류였지만 시간이 지나면서 많은 세포가 모여 만들어진 조류가 등장했고 크기는 점점 커져갔다.

오늘날 바닷속에 살고 있는 조류에는 다시마와 미역이 있고, 연못이나 강 같은 민물에는 규조와 해캄이 살고 있다.

그림 대표적인 조류

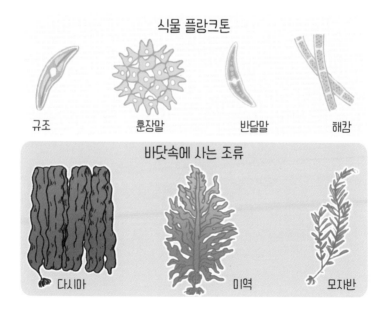

식물 플랑크톤

규조　　　훈장말　　　반달말　　　해캄

바닷속에 사는 조류

다시마　　　미역　　　모자반

조류는 녹색을 띠는 '녹조류' 말고도 갈색인 조류, 붉은색인 조류 등 다양한 종류가 있다. 어떤 색을 띠든 모두 엽록소가 있어서 광합성을 하며 스스로 영양분을 만들어서 살아간다. 그래서 조류는 바닷속에서도 빛이 닿는 곳에서만 생활할 수 있다.

조류는 몸 전체에서 광합성을 하고 몸 전체 표면에서 물과 영양분을 흡수하며 뿌리, 줄기, 잎이 구분되지 않는다. 바닷속에 사는 조류에는 뿌리처럼 생긴 '헛뿌리'가 있는데, 바위에 달라붙기 위해 사용하는 것이라서 물과 무기양분을 흡수하지는 않는다.

아하, 광합성을 하니까 빛이 비치는 곳에서만 살 수 있는 거구나.

미역 된장국

몸 전체에서 물과 영양분을 흡수하고 뿌리, 줄기, 잎의 구별이 없어. 반달말처럼 몸이 분열해 번식하는 친구들도 있지.

·3· 식물, 육지로 올라오다

바닷속에서 살던 조류는 고생대(5억 5,000만 년 전~2억 5,000만 년 전) 초기에 물가까지 진출했고, 그중에서 지금의 선태식물*에 가까운 종이 땅 위로 올라왔다. 대표적인 선태식물에는 우산이끼와 솔이끼가 있다. 처음으로 육지에 올라온 식물로서 화석으로 남아 있는 종은 쿡소니아**다. 쿡소니아는 줄기가 두 갈래로 갈라지고, 줄기 끝에는 번식하는 데 필요한 포자를 담고 있는 '포자낭'이 달린 단순한 식물이었다.

*: 이끼식물이라고도 한다. 양치식물이 퇴화해 선태식물이 되었다는 학설도 있다.
**: 이끼와는 다르고, 관다발이 없어서 양치식물도 아니기에 '양치식물의 조상'이라고 불린다.

> **그림** 대표적인 선태식물

우산이끼

솔이끼

자세히 들여다보니 모양이 제각각이구나!

선태식물은 뿌리, 줄기, 잎의 구별이 없다. 그런데 몇몇 조류처럼 헛뿌리가 있는 선태식물이 있다. 조류의 헛뿌리는 어딘가에 달라붙기 위해 존재하는데, 선태식물의 헛뿌리도 물을 흡수하는 작용보다 주로 어딘가에 달라붙는 역할을 한다. 따라서 양치식물이나 종자식물의 뿌리와는 다르다.

　선태식물은 수그루와 암그루로 구분되어 있고 포자로 번식한다. 이때 꼭 필요한 것이 물이다. 정자가 난자를 만나려면 물속에서 이동해야 하기 때문이다. 그래서 선태식물 중에는 축축한 곳에서 자라는 종이 많다.

이건 무슨 이끼예요?

은이끼와 담뱃잎이끼 같은데?

비가 그치면 이끼를 찾으러 가야지!!

날이 개면 분무기로 물을 뿌려주자. 금세 아름다운 녹색으로 변할 거야.

집 앞의 마당이나 평소에 걸어 다니는 길에서도 자세히 살펴보면 이끼가 곳곳에 살고 있어. 습기가 찬 곳에서 자라는 종류가 많은데 남극이나 북극, 고지대, 열대림의 나무 위처럼 열악한 환경에서 살아가는 이끼도 있다구~

·4· 땅에 뿌리내리기 시작한 식물

양치식물은 본격적으로 육상 생활에 적응한 식물이다. 산에서 나는 고사리나 고비, 청나래고사리, 쇠뜨기(포자낭이 달려 있는 줄기를 뱀밥이라고 한다)나 풀고사리 등은 우리 생활 가까이에 있는 양치식물이다.

양치식물은 뿌리, 줄기, 잎의 구분이 있다. 줄기는 대부분 땅속줄기다. 땅속줄기에서 뿌리가 뻗어나간다. 몸속에는 수분과 광합성으로 만든 영양분이 이동하는 관다발이 있다.

그림 양치식물의 종류

일엽초

뱀밥

고비

쇠뜨기

뱀밥도 고비와 같은 양치식물이구나~
둘 다 정말 맛있는데!

늘 먹을 것만 생각하는구나….

개고사리의 잎을 뒤집어보면 포자를 만들어내는 포자낭이 모여 있다. 포자낭 안에서 만들어진 포자들은 성숙하면 사방으로 흩뿌려진다. 그중에서 땅 위에 떨어진 포자는 싹을 틔우고 아주 작은 하트 모양이 되는데, 이것을 '전엽체'라고 한다. 전엽체에서 정자와 난자가 만들어지고 수정이 일어난다. 정자는 물속을 헤엄쳐 난자에게 이동하기 때문에 수정이 일어날 때는 물이 꼭 필요하다.

그림　양치식물의 한살이

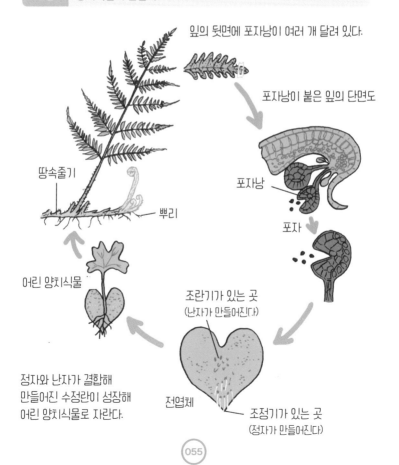

잎의 뒷면에 포자낭이 여러 개 달려 있다.

포자낭이 붙은 잎의 단면도

땅속줄기

뿌리

포자낭

포자

어린 양치식물

조란기가 있는 곳
(난자가 만들어진다)

정자와 난자가 결합해
만들어진 수정란이 성장해
어린 양치식물로 자란다.

전엽체

조정기가 있는 곳
(정자가 만들어진다)

•5• 건조한 곳에서도 사는 식물이 나타나다

종자식물은 잎에서 만든 영양분을 옮기고 뿌리에서 흡수한 무기양분을 옮기는 관다발이 발달해서 건조한 곳에서도 살아남을 수 있다. 그리고 수정을 할 때 물을 필요로 하지도 않는다.

처음으로 씨를 만든 식물은 겉씨식물이다. 지금까지 남아 있는 겉씨식물은 소나무, 은행나무, 삼나무, 소철나무 등이다. 겉씨식물은 밑씨가 겉으로 드러나 있다. 그래서 속씨식물보다 기온이나 온도 같은 외부 환경의 영향을 받기 쉽다.

속씨식물은 밑씨가 씨방에 싸여 있어서 씨가 열매 안에서 만들어지므로 외부 환경의 영향을 덜 받는다. 속씨식물 중에서 나팔꽃처럼 싹이 틀 때 떡잎이 2장 나오는 식물을 쌍떡잎식물이라고 한다. 반면 벼처럼 떡잎이 1장인 식물을 외떡잎식물이라고 한다.

그림 쌍떡잎식물과 외떡잎식물

쌍떡잎식물(떡잎이 2장)   외떡잎식물(떡잎이 1장)

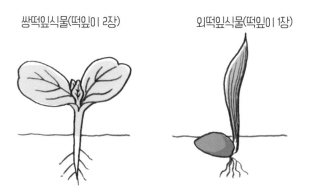

균류는 활발하게 몸을 움직이는 동물과는 분명하게 달라 보여서 식물로 분류하던 때가 있었다. 하지만 엽록체가 없고 다른 생물체에 기생해 살아가기 때문에 식물과 구별해 균류로 분류한다. 이러한 균류는 자연계에서 유기물을 분해해 무기물로 만드는 분해자로서 매우 중요한 역할을 한다.

균류는 대부분 포자로 번식한다. 그런데 양치식물이나 선태식물처럼 포자를 포자낭에서 만드는 것이 아니라 몸의 표면에서 직접 만드는 종이 많다. 포자가 싹을 틔우면 가느다란 실처럼 생긴 '균사'가 뻗어나간다. 곰팡이와 버섯은 매우 다르게 생겼지만 둘 다 균사들이 그물처럼 얽혀서 몸을 이루는 생물이므로 같은 균류다. 차이점은 그렇게 만들어진 몸에서 바로 포자가 생기는지, 아니면 몸에서 버섯(자실체)이 자라고 그 버섯에서 포자가 생기는지에 달려 있다.

곰팡이는 지구상 어디에나 존재하고, 공기 중에도 그 포자가 많이 날아다닌다. 그러나 균사가 아주 가늘어서 직접 볼 수 없고, 균사 끝에 포자가 생겨서 색을 띨 때부터 우리 눈에 보인다. 곰팡이 포자는 독소를 가진 것이 많아서 중독 증상을 일으키기도 한다. 반면 유용한 곰팡이도 있다. 예를 들어, 푸른곰팡이의 포자가 만든 독소로 항생 물질인 페니실린이 만들어졌다. 또한 푸른곰팡이로 치즈를, 누룩곰팡이로 된장이나 간장, 청주를 만들 수 있다.

·6· 식물을 분류하는 법

마지막으로, 지금까지 나온 식물을 분류해보자.

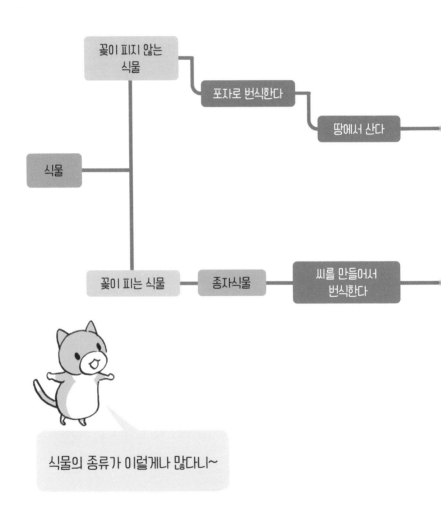

먼저 꽃이 피는지 피지 않는지로
나눌 수 있어.

뿌리, 줄기, 잎의 구분이 없다 → 선태식물

뿌리, 줄기, 잎의 구분이 있다 → 양치식물

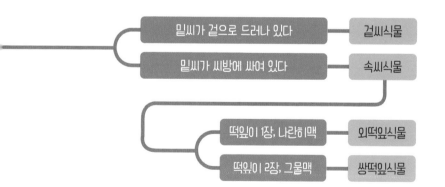

밑씨가 겉으로 드러나 있다 → 겉씨식물

밑씨가 씨방에 싸여 있다 → 속씨식물

떡잎이 1장, 나란히맥 → 외떡잎식물

떡잎이 2장, 그물맥 → 쌍떡잎식물

제3장

동물은 어떻게
살아갈까?

동물은 식물처럼 물과 이산화 탄소를 사용해서 당이나 녹말 같은 유기물을 만들지 못한다. 그래서 생존을 위해서는 다른 생물을 먹어야만 한다. 이 장에서는 동물의 몸이 어떻게 구성되어 있으며, 동물이 어떻게 살아가는지 차근차근 살펴보자.

·1· 동물을 분류하는 법

문제 다음 생물은 어떤 종류의 동물로 분류할 수 있을까? 다음 표를 참고해 구분해보자.

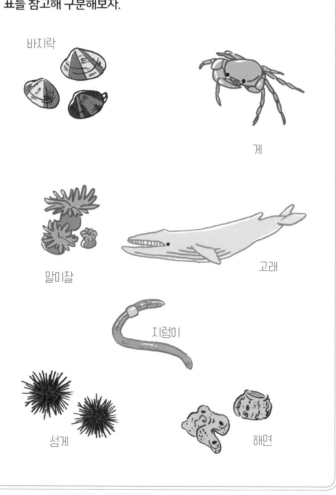

바지락

게

말미잘

고래

지렁이

성게

해면

문*	먹이를 먹는 방법과 소화 기관 (몸의 특징)			예
해면동물		먹이가 포함된 바닷물이 몸 안으로 들어오는 구멍과 몸 안의 바닷물을 몸 밖으로 내보내는 구멍이 있다		해로동혈
자포동물	입	입이 있고 주머니 모양의 소화 기관이 있다		해파리
환형동물	입 항문	입과 항문이 있는데 관(소화관)으로 이어져 있다		지렁이
연체동물	입 항문	소화관이 위와 장 등으로 나뉜다	몸이 유연하다	오징어
극피동물	항문 입		몸의 표면에 가시가 있는 종이 많다	성게
절지동물		위와 장 등이 복잡하게 구성되어 있다	몸 바깥쪽에 골격이 있다	개미
척추동물			몸 안쪽에 골격이 있다	개, 거북이, 송사리, 사람

*: 생물을 분류하는 단계 중 하나다. 생물은 '계>문>강>목>과>속>종'으로 분류할 수 있는데, 사람은 '동물계>척색동물문>포유강>영장목>사람과>사람속>사람종'에 해당한다.-옮긴이

정답 바지락-연체동물, 게-절지동물, 말미잘-자포동물, 고래-척추동물, 지렁이-환형동물, 성게-극피동물, 해면-해면동물

·2· 육식 동물은 어떻게 살아갈까?

사자를 예로 들어서 다른 동물을 잡아먹는 육식 동물이 어떻게 생활하는지 알아보자.

문제 '동물의 왕'인 사자에 대한 질문에 답해보자.

1. 사냥에 성공하는 비율은 몇 %일까?
  (가) 20%   (나) 40%
  (다) 60%   (라) 80%

2. 새끼 사자의 사망률은 몇 %일까?
  (가) 20%   (나) 40%
  (다) 60%   (라) 80%

동물원에서 사자를 봤던 기억을 떠올려보자. 느긋하게 엎드려 있는 모습이 꽤나 한가해 보였을 것이다. 그렇다면 야생의 사자는 어떨까? 야생에서는 먹이를 얻기 위해 직접 사냥을 해야 하기에 짧은 시간 동안 에너지를 많이 소비한다. 먹잇감은 얼룩말이나 누처럼 발이 빠르고 덩치가 큰 동물이라서 그렇게 쉬운 상대가 아니다. 그래서 사냥을 하지 않을 때는 야생의 사자도 동물원의 사자처럼 최대한 휴식을 취한다.

초원에서 쉬고 있는 사자

새끼 사자

1. (가) 2. (라)

고양잇과 동물 중에 무리 지어 사는 것은 사자뿐이다. 호랑이와 표범처럼 고양잇과 동물은 대부분 혼자 사냥을 하고 혼자 살아간다. 사자 무리는 수컷, 암컷, 새끼가 10마리 정도 모여서 만들어지는데, 사냥은 암컷이 담당한다. 사자의 먹이 사냥은 해가 지고 난 뒤에 시작된다. 암컷들은 몇 마리씩 그룹을 만들어 사냥에 나선다.

TV에서 본 사자의 사냥 장면을 떠올려보자. 마침 누 무리를 발견한 암컷 사자들이 보인다. 5마리의 암컷 사자는 2마리와 3마리로 나뉘고, 2마리 그룹이 누 무리로 달려든다. 무방비 상태로 쉬고 있던 누들은 몹시 당황해 허둥댄다. 황급히 달아나는 누 무리 중 1마리를 잡은 것은 풀숲에 숨어서 기다리고 있던 3마리 암컷 중 하나다. 암컷들이 먹잇감을 잡아놓으면 수컷이 와서 암컷들을 쫓아낸다. 암컷들과 새끼들은 수컷이 배불리 먹을 때까지 기다려야 한다.

사실, 이렇게 사냥에 성공하는 비율은 20%밖에 안 된다. 게다가 배가 고플 때마다 먹잇감을 발견할 수 있는 것도 아니다. 2주씩이나 먹잇감이 눈에 띄지 않을 때도 있다. 그렇다 보니 먹이를 먹는 순서에서 뒷전으로 밀린 새끼 사자들은 영양이 부족하거나 병에 걸려서 죽는 일이 많다. 두 살이 되기 전에 무려 80%의 새끼 사자들이 죽는다고 한다.

● 수컷도 편하기만 한 것은 아니다?

새끼 사자는 무리 전체가 함께 키운다. 그리고 새끼 사자 중 수컷은 세 살 정도가 되면 무리에서 쫓겨난다. 무리에서 쫓겨난 수컷들은 수컷끼리 무리를 만들어 생활한다. 사냥에 성공하지 못하면 굶어 죽을 수밖에 없기에 사냥 경험이 적은 어린 수컷들만 모여서 사는 것은 매우 힘들 것이다. 이러한 어려움을 극복하고 살아남은 수컷은 암컷이 있는 무리에 접근해 무리를 지키는 수컷에게 싸움을 건다. 무리를 빼앗으려는 것이다. 상대 수컷이 나이가 많아서 힘이 약하다면 새로운 무리에 들어갈 수 있는 절호의 기회지만, 상대가 강하다면 죽음에 이를 수도 있는 위험한 도전이다.

◎ 사자의 눈 vs 얼룩말의 눈 ◎

인간의 눈은 2개가 나란히 정면을 향해 있다. 하지만 토끼나 얼룩말의 눈은 얼굴의 양쪽 옆에 붙어 있다. 이렇게 눈의 위치가 다르면 볼 수 있는 범위도 다르다. 인간은 뒤쪽을 볼 수 없지만 토끼는 뒤쪽도 볼 수 있다.

양쪽 눈으로 동시에 보는 것을 '양안시'라고 한다. 인간이나 사자처럼 양쪽 눈이 나란히 정면을 향해 있으면 양쪽 눈으로 동시에 볼 수 있는 범위가 넓다. 하지만 사슴이나 얼룩말은 양안시가 좁다.

사진 사자의 눈

시야

양쪽 눈으로 볼 수 있는 범위

양안시를 이용하면 보고 있는 대상이 얼마나 멀리 떨어져 있는지 알 수 있다. 한쪽 눈만으로는 거리감을 정확하게 판단할 수 없다. 정말 그런지 궁금하다면, 한쪽 눈을 가린 채 친구가 던진 공을 잡아보자. 아마 평소보다 잡기 어려울 것이다.

사진 **얼룩말의 눈**

시야

양쪽 눈으로 볼 수 있는 범위

사자는 먹잇감을 발견하면 조심스럽게 다가가서 몸을 최대한 바닥에 붙인 채 기다리다가 단숨에 달려든다. 이때 사자가 돌진하는 속력은 시속 80km나 된다. 먹잇감은 사자의 기습에 놀라 전속력으로 도망가지만, 먹잇감을 거의 따라잡은 사자는 앞발의 날카로운 발톱으로 앞서가는 먹잇감의 엉덩이를 잡아채고 온몸의 근육을 총동원해 넘어뜨린다. 그러고 나서 목덜미를 강하게 문다. 사자의 날카로운 이빨이 먹잇감의 목에 있는 신경을 끊고 기관도 망가뜨려서 숨통을 끊는다. 사자의 이빨은 칼처럼 예리해서 동물의 살을 물어뜯는 데 제격이다. 그리고 이빨을 지지하는 턱뼈도 두껍고 튼튼하다. 이렇게 머리뼈와 이빨을 보면 육식 동물인지 초식 동물인지 알 수 있다.

사자의 머리뼈와 이빨

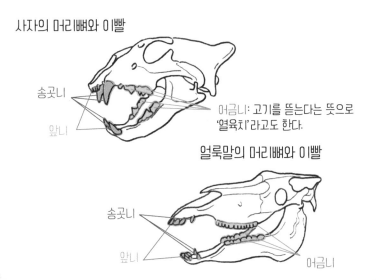

송곳니
앞니
어금니: 고기를 뜯는다는 뜻으로 '열육치'라고도 한다.

얼룩말의 머리뼈와 이빨

송곳니
앞니
어금니

· 3 · 초식 동물은 어떻게 살아갈까?

누는 소와 친척 관계인 동물이다. 아프리카의 초원에서는 10마리에서 많게는 100마리나 되는 누들이 무리 지어 산다. 누의 무리가 거센 물살을 헤치며 큰 강을 건너는 모습은 다큐멘터리에서 자주 볼 수 있는 장면이다.

그렇다면 누는 왜 대이동을 하는 걸까? 아프리카의 초원에는 건기와 우기가 있다. 건기가 되면 누의 먹이인 풀이 말라버린다. 그래서 무리는 풀이 자라고 있는 곳으로 이동해야만 하는 것이다. 아프리카 동부의 탄자니아에 사는 누는 1년 동안 2,000km나 이동한다고 알려져 있다. 서울에서 부산까지의 거리가 약 400km 정도 되니 서울과 부산을 두 번 왕복하는 것보다 더 먼 거리다.

사진 누의 무리

(가) 누가 한 번에 낳을 수 있는 새끼는 1마리다

(나) 새끼 누가 눈을 뜨는 것은 생후 10일째부터다

(다) 누는 수영을 잘해서 물살이 거센 강도 쉽게 건널 수 있다

(라) 누는 악어에게 잡아먹히지 않는다

(마) 사자도 누의 무리를 따라서 이동한다

누는 매년 1월에서 3월 사이에 집중적으로 새끼를 낳는다. 새끼 누는 태어난 뒤 얼마 지나지 않아 일어설 수 있고, 2~3시간이면 뛰어다닐 수도 있다. 눈은 태어난 뒤에 바로 뜬다. 새끼가 자라서 어른과 함께 여행을 할 수 있을 정도가 되는 7월이 되면 누의 무리는 풀을 찾아 이동하기 시작한다. 거센 물살을 가로질러 강을 건너는 것은 쉬운 일이 아니다. 그래서 강가에 도착해도 좀처럼 건너지 못하고 망설인다. 때로는 수천, 수만 마리의 누가 강가에 모여 있는 모습도 발견된다. 그러다 1마리가 강을 건너기 시작하면 그 뒤를 따라 나머지 누들도 일제히 강을 건넌다.

정답 (가), (마)

문제 **다음 중 누에 대한 설명으로 올바른 것을 모두 골라보자.**

(가) 누의 발굽은 4개로 갈라져 있다

(나) 누는 소와 친척 관계다

(다) 누가 전속력으로 달릴 수 있는 거리는 사자보다 훨씬 길다

(라) 누에게도 송곳니가 있다

(마) 사자보다 누가 양쪽 눈으로 동시에 볼 수 있는 범위가 넓다

누는 소와 친척 관계이며 소처럼 발굽이 2개다. 원래 발굽은 중형 초식 동물이나 대형 초식 동물의 다리 끝에 있는 딱딱한 발톱이었다. 발톱이 홀수 개 있으면 '기제류', 짝수 개 있으면 '우제류'라고 한다. 기제류인 동물에는 말, 당나귀, 코뿔소 등이 있고, 우제류인 동물에는 소, 기린, 사슴, 낙타, 멧돼지 등이 있다.

정답 (나), (다)

발톱은 발가락의 부드러운 끝부분을 보호하는 역할을 한다. 포유류의 발톱 종류에는 인간의 납작발톱, 고양이나 사자 같은 육식 동물의 갈고리발톱, 초식 동물의 발굽이 있다.

납작발톱은 물건을 잡는 손가락의 끝을 보호한다. 갈고리발톱은 먹잇감을 낚아채는 역할을 한다. 발굽은 땅을 강하게 딛고 앞으로 나아가는 데 도움이 된다. 발굽을 발달시킨 덕분에 많은 초식 동물이 평지뿐만 아니라 산과 언덕을 오랜 시간 동안 질주해 육식 동물로부터 자신의 목숨을 지킬 수 있었다.

사진 고양이의 발바닥

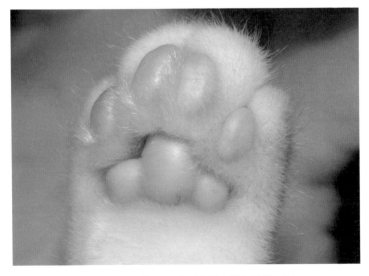

발톱을 숨기고 있을 때의 발바닥. 젤리 같은 육질이 있다.

고양잇과 동물의 발바닥

발바닥이 부드럽다

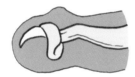 

발톱을 숨길 수 있다

앗, 정말이네! 내 발이랑 똑같이 생겼잖아?!

고양이가 맞는 걸까?

넌 도대체 누구니…?

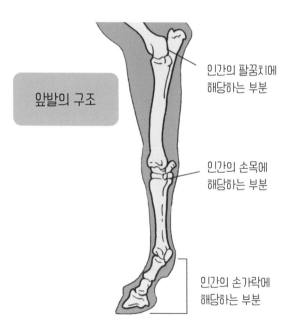

앞발의 구조

인간의 팔꿈치에
해당하는 부분

인간의 손목에
해당하는 부분

인간의 손가락에
해당하는 부분

문제 인간은 원숭이와 동일한 조상에서 시작해 다르게 진화된 종이다. 다음 중 원숭이가 나무 위에서 살면서 얻게 된 특징을 모두 골라보자.

(가) 뇌의 대형화

(나) 지문

(다) 직립 보행

(라) 물건을 잡을 수 있는 손

(마) 나란히 정면을 향한 두 눈

인간이 원숭이와 동일한 조상에서 나오지 않았다면 우리는 지금처럼 손을 섬세하게 움직이지 못했을 것이다. 흔히 원숭이는 손이 4개인 동물이라고 말한다. 발로도 물체를 잡을 수 있기 때문이다. 손바닥에 지문까지 있어서 물체가 미끄러지지 않게 해준다. 나무 위에서 사는 원숭이들은 나뭇가지를 잡고 이 나무에서 저 나무로 이동하면서 먹이를 찾는다.

나뭇가지에서 나뭇가지로 빠르게 이동하기 위해서는 나뭇가지를 꼭 잡는 '손'과, 다음 나뭇가지까지의 거리를 정확하게 파악하는 '눈'이 필요하다. 그래서 원숭이의 두 눈은 나란히 정면을 향하고 있다. 대다수의 포유류는 개나 고양이처럼 색을 인식하지 못하지만 원숭이와 인간은 색을 구분할 수 있다.

정답 (나), (라), (마)

손도장

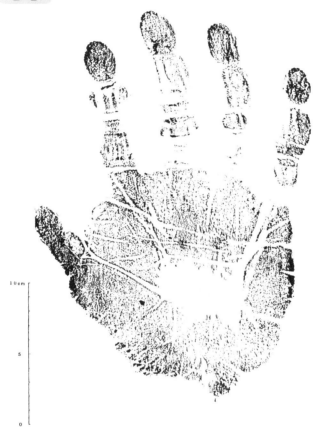

10cm

5

0

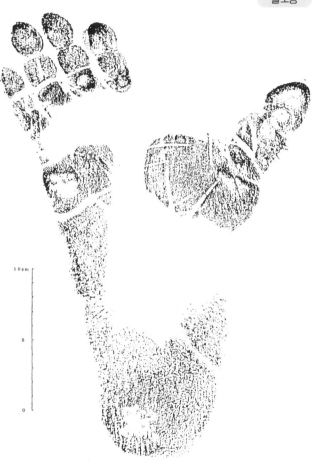

인간과 다른 동물을 구별하는 가장 큰 특징은 무엇일까? 바로, 허리를 펴고 두 발로 걷는다는 것과 대뇌가 크다는 것이다. 직립 보행을 하면서 손을 자유롭게 쓸 수 있게 되자 인간은 돌도끼와 뼈바늘 같은 도구를 만들어냈다. 이렇게 손을 사용함으로써 뇌는 점점 크고 무거워졌다.

최초의 인류라고 불리는 오스트랄로피테쿠스의 뇌 용량은 약 500mL이고, 다음에 출현한 호모 하빌리스의 뇌 용량은 약 650mL, 호모 에렉투스의 뇌 용량은 약 1,000mL이다. 인간의 직접적인 조상인 호모 사피엔스 사피엔스의 뇌 용량은 약 1,500mL에 이른다.

· 5 · 인간은 어떻게 영양분을 섭취할까?

단백질, 탄수화물, 지방을 3대 영양소라고 한다. 이들은 공통적인 성질이 있는데, 바로 가열하면 검게 탄다는 것이다. 이때 이산화 탄소와 물이 만들어진다는 것도 공통점이다. 이러한 사실은 단백질과 탄수화물, 지방에 모두 탄소(C)가 들어 있다는 것을 의미한다. 여러 개의 탄소 원자를 중심으로 그 주변에 수소(H), 산소(O), 질소(N)가 결합한 물질을 유기물이라고 한다.

인간을 포함해 모든 동물은 유기물을 섭취하지 않으면 살아갈 수 없다. 식물은 물과 이산화 탄소 같은 무기물에서 포도당과 지방 같은 유기물을 만들 수 있지만 동물은 그렇게 할 수 없기 때문이다. 따라서 동물은 생존을 위해 유기물을 섭취해야 한다. 유기물에는 다음과 같은 성질이 있다.

① 탄소 원자를 중심으로 수소 원자나 산소 원자, 질소 원자가 결합해 만들어진다.
② 가열하면 검게 타고 열과 빛을 방출한다.

설탕도 가열하면 검게 탄다. 불에 타면서 검게 눌어붙는 것은 탄소 원자의 덩어리다. 설탕을 구성하는 탄소 원자가 가열되면서 모습을 드러낸 것이다.

생명체가 살아가기 위해서는 에너지가 필요하다. 필요한 에너지를 얻기 위해서 세포는 외부에서 들어온 산소를 사용해 유기물을 분해하고, 그 결과 에너지와 함께 이산화 탄소와 물이 생긴다. 이러한 작용을 '호흡'이라고 한다. 폐에서 일어나는 가스 교환과 구분하기 위해 '세포 호흡'이라고 부른다. 지금 우리 몸속에서도 살아 있는 세포 하나하나가 호흡을 하고 있다. 에너지가 만들어지는 원천이자 몸을 구성하는 물질인 3대 영양소는 다음과 같다.

① 탄수화물: 식물이 만드는 유기물은 포도당이다. 많은 수의 포도당이 결합하면 녹말이나 셀룰로스 같은 물질이 된다. 녹말은 우리의 주식인 밥과 빵의 성분이고, 셀룰로스는 나무와 종이의 성분이다. 둘 다 포도당을 결합해 만든 물질이지만 어떻게 결합하는지에 따라서 전혀 다른 성질을 가지게 되는 것이다.

② 지방: 식물은 광합성으로 만든 포도당으로 지방도 합성한다. 참기름, 유채기름, 올리브유 등은 모두 식물 몸의 포도당으로부터 만들어낸 것이다.

③ 단백질: 세포를 구성하는 주요 성분으로, 수많은 아미노산이 연결된 것이다. 아미노산이 몇 개 연결된 것은 펩타이드, 수십 개가 연결된 것은 폴리펩타이드라고 한다.

녹말의 구조식

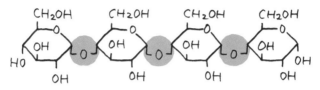

셀룰로스의 구조식

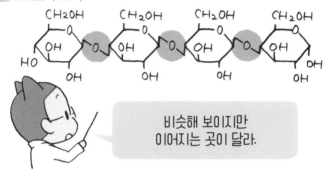

비슷해 보이지만
이어지는 곳이 달라.

지방의 구조식

이것도 지방이야.

(가) 달걀에는 단백질이 많다

(나) 오이에는 단백질이 하나도 없다

(다) 단백질을 분해하면 아미노산이 된다

(라) 아미노산의 종류는 100개다

(마) 아미노산은 탄소(C), 산소(O), 수소(H)의 세 종류의 원소만으로 만들어진다

식물이든 동물이든 모든 생물의 몸은 단백질로 이루어져 있다. 단백질이 없으면 생명도 없는 것이다. 오이에는 단백질이 없을 것 같지만 달걀에 비해 들어 있는 양이 적을 뿐이다. 단백질을 분해하면 약 20종의 아미노산이 나온다. 지구상에 있는 모든 생물의 몸은 이 20개 아미노산의 결합으로 형성된다. 아미노산은 탄소, 산소, 수소와 함께 질소로 구성되는데, 질소 원자는 질산 이온(NO_3^-)이나 암모늄 이온(NH_4^+)의 형태로 식물의 뿌리에서 물과 함께 흡수된다.

	아미노산	분자량
1	글리신	75.07
2	알라닌	89.09
3	세린	105.09
4	프롤린	115.13
5	발린	117.15
6	트레오닌	119.12
7	시스테인	121.16
8	아이소루신	131.17
8	루신	131.17
10	아스파라진	132.12
11	아스파트산	133.10
12	글루타민	146.15
13	라이신	146.19
14	글루탐산	147.13
15	메싸이오닌	149.21
16	히스티딘	155.15
17	페닐알라닌	165.19
18	아르지닌	174.20
19	타이로신	181.19
20	트립토판	204.23

정답 (가), (다)

분자량이 적은 순서대로
나열한 20개 아미노산

◎ 인간의 소화 기관 ◎

입부터 항문까지 몸속에 들어온 음식물이 지나가는 길을 '소화관'이라고 한다. 인간의 소화관은 입, 식도, 위, 소장, 대장, 항문의 순서로 이어진 하나의 긴 관이다. 소화관과 함께, 소화액을 분비하는 소화샘, 간, 이자처럼 음식물을 소화하고 흡수하는 데 관계되는 기관을 통틀어 '소화계'라고 한다.

그림 인간의 소화 기관

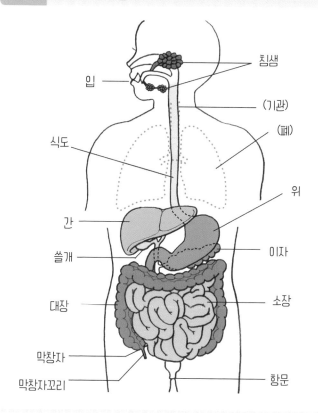

동물은 음식물에 들어 있는 영양소를 그대로 이용할 수 없다. 소화관에 있는 음식물의 영양소가 세포막을 통과해 세포 안으로 들어가게 하려면 물에 녹을 정도로 작게 만들어야 한다. 녹말과 단백질은 분자가 너무 커서 물에 녹지 않고, 지방(기름)은 분자 크기는 작지만 물에 녹지 않는 성질이 있다. 이러한 영양분을 물에 녹는 형태로 만드는 것이 소화다.

예를 들어, 우리가 늘 먹는 쌀은 녹말 덩어리다. 녹말은 포도당이 수백 개에서 수만 개 결합해 만들어진 것이다. 그리고 육류의 주성분인 단백질은 아미노산이 수백 개에서 수만 개 결합해 만들어진 것이다.

그림   영양분의 분해

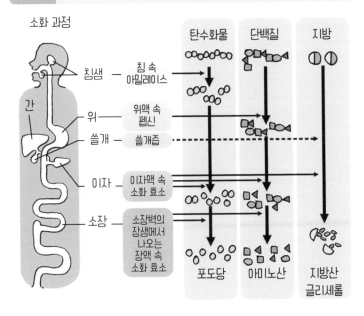

효소는 마술사?

밥을 씹을수록 단맛이 나는 이유는 침 속에 있는 소화 효소인 아밀레이스가 작용하기 때문이다. 아밀레이스가 없다면 아무리 밥을 꼭꼭 씹어도 녹말은 당(엿당)이 될 수 없다. 인간의 몸속에서 일하고 있는 효소는 수천 종류인데, 모든 효소는 36~37℃에서 가장 활발하게 작용한다. 효소는 단백질로 만들어져 있어, 온도가 높은 곳에서는 변성된다. 소화 효소 말고도 소화를 도와주는 것이 있다. 바로 간에서 만들어져 쓸개에서 분비되는 쓸개즙이다. 쓸개즙은 비누처럼 계면활성 작용을 해 지방을 물에 녹여 작은 입자로 만들어서 소화가 잘되게 한다.

표 인간의 주요 소화 효소

	소화 효소	소화 효소가 들어 있는 소화액				소화 효소의 작용
		침	위액	이자액	장액	
녹말	아밀레이스	●		●		녹말을 엿당으로 분해
	말테이스			●	●	엿당을 포도당으로 분해
지방	라이페이스			●		지방을 지방산과 글리세롤로 분해
단백질	펩신		●			단백질을 폴리펩타이드로 분해
	트립신			●		단백질을 펩타이드나 아미노산으로 분해
	펩티데이스				●	펩타이드를 아미노산으로 분해

◎ 영양분은 어떻게 흡수될까? ◎

소화를 통해 만들어진 포도당과 아미노산은 소장 안쪽에 있는 융 털을 통과해 모세혈관으로 흡수되고 간으로 운반된다. 그중 일부 는 간에 저장되고 일부는 글리코젠이나 지방이 되어 심장으로 옮 겨진 후 온몸으로 퍼져나간다. 한편, 지방산과 글리세롤은 융털을 통과해 림프관으로 들어가서 서로 결합해 지방이 된다. 그리고 림 프액과 함께 림프관을 타고 목 아래쪽 부분까지 흘러간 다음에 혈 액과 합류해 심장으로 운반되어 심장에서 온몸으로 퍼져나간다. 영양분과 산소가 듬뿍 들어 있는 선홍색의 동맥혈은 심장과 연결 된 대동맥에서 출발해 모세혈관을 통해 몸속 곳곳의 장기에 도달 한다.

으앙 손가락을 베었어요~

손가락 끝에 있는 모세혈관 속에서 혈액이 흐르는 속도는 겨우 1초에 1mm란다. 그러니까 피가 많이 나지는 않을 거야.

그렇구나.

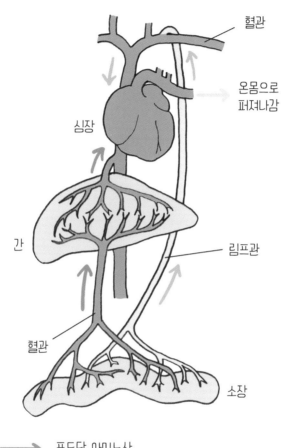

혈관

온몸으로
퍼져나감

심장

간

림프관

혈관

소장

→ 포도당, 아미노산

→ 지방

→ 포도당, 아미노산, 지방

포도당과 지방은 세포 안으로 들어와 산소를 이용하여 분해하고 에너지를 만든다. 생물은 이 에너지를 사용해 몸을 움직일 수 있고 머리로 생각도 할 수 있다. 이렇게 세포 안에서 에너지를 만들어내는 과정을 '세포 호흡'이라고 한다. 세포 호흡을 통해 에너지가 만들어지고 나면 이산화 탄소와 물이 생긴다. 아미노산이 세포 안으로 들어오면 단백질을 만드는 재료로 사용된다. 피부, 손톱, 머리카락, 근육은 모두 단백질로 이루어져 있다. 몸 안의 효소와 혈액의 구성 성분도 단백질로 만들어진다. 들어온 지 오래된 단백질은 분해되어서 암모니아 같은 노폐물이 된다.

생물이 살아가기 위해서는 3대 영양소 말고도 바이타민과 미네랄(무기염류)이 필요하다. 예를 들어, 바이타민 A는 눈의 망막에서 빛을 감지하는 작업을 도우므로 바이타민 A가 부족하면 어두운 곳에서 물체를 보지 못하는 야맹증이 생긴다. 그리고 칼슘이나 인 같은 미네랄이 부족하면 뼈와 치아가 약해진다.

포도당	온몸에서 세포가 호흡하는 데 쓰인다
아미노산	온몸에서 세포(원형질)를 만드는 데 쓰인다
지방	온몸에서 세포가 호흡하는 데 쓰이고, 일부는 피하지방으로 저장된다

심장은 쉴 새 없이 뛰어서 온몸으로 혈액을 내보낸다. 사람 주먹 크기만 한 이 기관이 가령 1분에 80번 박동한다고 치면 1시간에 4,800번, 하루에 115,200번이나 뛴다. 즉 우리 심장은 하루에 10만 번 이상 쉬지 않고 뛴다는 말이다. 정말 놀라울 정도로 대단한 기관이다. 게다가 이 박동이 고작 5분만 정지해도 우리는 목숨을 잃게 된다. 몸속 여러 기관에 필요한 영양분과 산소가 몸의 구석구석까지 전달되지 못하기 때문이다.

◎ 심장의 구조와 혈액의 흐름 ◎

인간의 심장은 2심방 2심실의 네 부분으로 나뉘며, 번갈아서 수축하거나 이완해 혈액을 온몸에 순환시킨다. 이때 심장에서 나온 혈액이 흐르는 혈관을 동맥, 심장으로 들어가는 혈액이 흐르는 혈관을 정맥이라고 한다. 정맥에는 혈액이 역류하는 것을 막는 판막이 곳곳에 있다. 동맥혈은 산소가 많이 들어 있어서 선홍색을 띤다. 그에 비해서 정맥혈은 산소가 적게 들어 있어서 암적색을 띤다. 폐로 들어가는 폐동맥에는 정맥혈이, 폐에서 나오는 폐정맥에는 동맥혈이 흐른다.

우심방→우심실→(가)→폐→(나)→
(다)→(라)→(마)→모세혈관→
대정맥

대동맥
상대정맥
폐동맥
폐정맥
우심방
좌심방
하대정맥
판막
우심실
판막
좌심실

┌ <보기> ─────────────
│ 좌심방   대동맥   폐정맥   폐동맥
│ 좌심실
└───────────────────

정답 (가)-폐동맥, (나)-폐정맥, (다)-좌심방, (라)-좌심실, (마)-대동맥

◉ 닭의 심장은 어떻게 생겼을까? ◉

이번엔 닭의 심장을 살펴보면서 심장의 구조를 알아보자. 먼저 닭의 심장 표면에는 혈관이 몇 개 보인다. 이것은 심장이 스스로에게 영양분과 산소를 공급하는 관상 동맥과 심장에서 생성된 이산화탄소와 노폐물을 운반하는 관상 정맥이다. 이 혈관들이 막히면 심근경색이 일어난다. 심장은 대동맥으로 혈액을 내보낼 때 그중에서 약 5%는 심장 근육을 위해 사용한다. 심장 근육에서 쓰인 혈액은 관상 동맥과 나란히 뻗어 있는 관상 정맥을 타고 흘러가서 심장

의 안쪽에 있는 관상 정맥동에 모인다. 관상 정맥동은 바로 우심방으로 이어지고, 온몸을 돌고 돌아온 정맥혈과 만난다.

이제 심장을 잘라서 안쪽을 살펴보자. 두꺼운 근육으로 이루어진 것이 좌심실, 얇은 근육으로 이루어진 것이 우심실이다. 왜 좌심실의 근육이 우심실의 근육보다 두꺼울까? 우심실은 심장 가까이에 있는 폐에만 혈액을 보내면 되지만, 좌심실은 좌심방에서 들어온 혈액을 온몸으로 내보내야 하므로 근육이 수축하는 힘이 강해야 하기 때문에 그렇다. 이렇게 닭의 심장을 잘라서 관찰해보면 좌심실과 우심실의 역할이 다르다는 사실을 알 수 있다.

그림 닭의 심장 단면

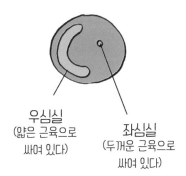

우심실
(얇은 근육으로
싸여 있다)

좌심실
(두꺼운 근육으로
싸여 있다)

예전에는 겨울이 되면 일산화 탄소(CO) 중독 때문에 사망한 사람들의 뉴스를 심심치 않게 접할 수 있었다. 밀폐된 방에서 석유 난방 기구를 계속 사용하면 방 안의 산소가 줄어들고 난방 기구에서 불완전 연소가 일어나 방 안에 있던 사람이 일산화 탄소 중독으로 사망하는 것이다.

문제 **다음에서 알맞은 것을 모두 골라보자.**

(가) 일산화 탄소가 헤모글로빈과 결합하는 힘은 산소(O_2)의 200~300배다

(나) 일산화 탄소는 무색무취의 기체다

(다) 가벼운 일산화 탄소 중독으로는 두통, 이명, 현기증 같은 증상이 나타나지 않는다

(라) 일산화 탄소는 공기보다 무겁다

일산화 탄소는 공기와 무게가 거의 비슷하고(공기:일산화 탄소 =1:0.967) 색과 냄새가 없다. 그러니 공기 중에 있어도 우리 몸이 알아차리지 못한다. 게다가 일산화 탄소는 헤모글로빈과 결합하기 쉽다. 산소가 헤모글로빈과 결합하는 힘의 200~300배나 된다. 산소는 혈액 속 헤모글로빈과 결합해 온몸으로 운반된다. 이때 아주 적은 양의 일산화 탄소라도 몸속에 들어오면 헤모글로빈을 통해

정답 (가), (나)

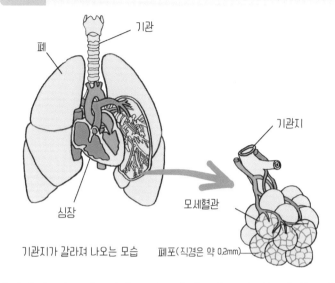

기관

폐

기관지

심장

모세혈관

기관지가 갈라져 나오는 모습   폐포(직경은 약 0.2mm)

운반할 수 있는 산소량이 줄어들기 때문에 몸에 산소가 부족해져 목숨이 위태로워진다.

사람의 폐포에서는 가스 교환이 이루어진다. 폐포를 둘러싸고 있는 모세혈관의 산소 농도는 약 16%고, 공기 중의 산소 농도는 21%다. 산소는 농도가 높은 쪽에서 낮은 쪽으로 확산되므로 폐포에서 모세혈관으로 산소가 이동한다. 그런데 한 번이라도 산소 농도가 16% 이하인 공기를 들이마시면, 반대로 모세혈관에 있던 산소가 폐포로 나가게 된다. 게다가 혈액 속에서 산소가 줄어들면 연수의 호흡 중추가 작동해 반시적으로 호흡이 일어난다. 그래서 호흡을 하면 할수록 혈액 속 산소가 줄어드는 악순환이 계속된다. 이렇게 산소 농도가 낮은 공기를 딱 한 번 마시는 것만으로도 목숨을 잃을 수 있으므로 일산화 탄소 중독은 매우 치명적이다.

인간의 혈관을 일직선으로 연결하면 약 9만km나 된다고 한다. 이것은 지구를 두 바퀴 반 돈 것과 같은 길이다. 혈관 속에는 적혈구, 백혈구, 혈소판 같은 고체 성분과 함께 물, 당, 지방, 아미노산, 알부민, 글로불린 등의 물질이 흐르고 있다.

적혈구는 헤모글로빈을 통해 산소를 운반한다. 백혈구는 몸속에 들어온 세균을 죽인다. 혈소판은 출혈이 일어날 때 혈액을 굳히는 일을 돕는다. 혈장은 영양분, 이산화 탄소, 노폐물을 운반하는 액체로, 모세혈관의 틈에서 배어나와 조직의 주변을 감싸는 조직액이 된다. 혈액은 이 조직액을 통해서 세포에 산소와 영양분을 전해주고 세포에서 만들어진 이산화 탄소와 노폐물을 운반한다.

그림　혈액 성분

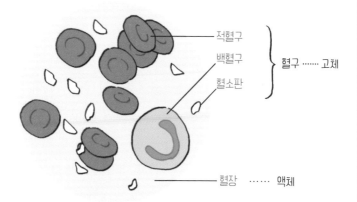

적혈구
백혈구　　　혈구 …… 고체
혈소판

혈장 …… 액체

사람의 피는 혈액 속 헤모글로빈 때문에 붉은색을 띤다. 그런데 피가 푸른색인 동물도 있다. 바로 새우와 게 같은 절지동물과 조개, 오징어, 문어 같은 연체동물이 그렇다. 이 동물들의 피가 파란 이유는 혈액 속에 구리 원자를 가진 호흡 색소인 헤모사이아닌이 있기 때문이다. 헤모사이아닌 자체는 색이 없고 투명하지만, 산소와 결합하면 구리 이온이 작용해 파란색이 된다. 헤모글로빈과 마찬가지로 산소를 운반하는 역할을 하지만, 혈구 안에 들어 있는 것이 아니라 혈액과 림프의 역할을 동시에 하는 혈림프에 녹아 있다.

살아 있는 것은 모두
붉은 피가 흐르네요.

그럴지 않아. 파란 피를 가진 생물도 있어.
바로 오징어, 문어 같은 연체동물과
새우, 게 같은 절지동물이야~

동물은 음식을 먹고 소화해 영양분을 소화관에서 혈관 안으로 보낸다. 이때 소화되지 않은 찌꺼기가 장속 세균, 장의 벽에 있다가 떨어진 세포와 함께 대장으로 보내지고 항문을 통해 배출된다.

동물의 몸을 이루는 세포는 혈액이 전달해주는 영양분과 산소를 사용해 다양한 활동을 한다. 예를 들어, 심장의 세포는 수축하거나 이완하고 간의 세포는 독을 분해한다. 이렇게 세포가 활동한 결과, 이산화 탄소와 암모니아 같은 노폐물이 생긴다. 이산화 탄소는 세포 주변의 조직액에 녹아들고 모세혈관을 통해서 혈액 속으로 들어간다. 혈액을 타고 폐까지 운반된 이산화 탄소는 입이나 코를 거쳐 밖으로 나간다. 암모니아는 단백질이 분해될 때 생기는 독성 물질인데, 혈액을 타고 간까지 이동해 독성이 약한 요소와 같은 물질로 바뀐다. 그리고 다시 한번 혈액을 통해 콩팥으로 옮겨지고 방광을 거쳐 배출된다.

콩팥은 크기가 주먹만 하고(길이 12~13cm, 두께 약 3cm) 강낭콩 모양을 한 장기다. 우리 몸속에서 노폐물을 거르는 동시에 체내 수분량이 적정하게 유지되도록 조절한다. 콩팥의 사구체에서 보면주머니로 걸러져 나온 것을 '원뇨'라고 하는데 하루에 160ℓ나 된다. 원뇨가 세뇨관 속을 흐르는 동안에 그 주변을 둘러싼 모세혈관을 통해 수분, 나트륨, 포도당, 아미노산 등이 재흡수된다. 따라서 실제로 배설되는 소변의 양은 하루에 약 1~1.5ℓ 정도다. 이렇게 복잡한 과정을 거침으로써 우리의 몸은 필요한 성분을 일정하게 유지할 수 있다. 소변으로 배출되어야 하는 노폐물인 요독이 몸속에 쌓이면 처음에는 쉽게 피로감을 느끼다가 점차 식욕이 떨어지고 구역질이 나며 머리가 아프고 주의력이 산만해진다. 상태가 더욱 나빠지면 근육에 경련이 일어나거나 의식장애가 생기기도 한다. 이렇게 되면 콩팥의 기능을 대신하는 '인공투석'을 해야만 생명을 유지할 수 있게 된다.

그림　　**콩팥의 단면**

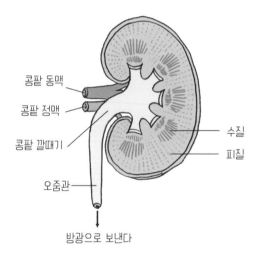

콩팥 동맥
콩팥 정맥
콩팥 깔때기
수질
피질
오줌관
방광으로 보낸다

·8· 우리 몸을 지키는 면역 시스템

● 백혈구가 이끄는 면역 시스템

우리가 길을 가다 넘어져서 무릎이 까지거나 얼룩말이 사자에게 쫓기다가 상처를 입으면 그 상처를 통해서 몸속으로 미생물이나 바이러스가 침입한다. 그러면 백혈구는 이물질로부터 몸을 지키기 위해 전쟁을 시작한다.

백혈구는 혈액을 타고 온몸을 돌면서 입이나 코, 상처 등 몸의 어딘가로 언제 이물질이 들어와도 바로 싸울 수 있도록 준비하고 있다. 그리고 이물질을 만나면 바로 공격 태세로 전환해 이물질을 잡아먹고 소화시킨다. 그런데 이물질이 너무 많으면 백혈구는 이물질을 최대한 잡아먹은 뒤 스스로 죽음을 택한다. 상처 위에 생기는 고름은 이렇게 사망한 백혈구들의 시체가 모인 것이다. 지금 이 순간에도 우리의 몸속 어딘가에서 백혈구와 이물질의 전쟁이 일어나고 있을지도 모른다.

만약 몸에 들어온 이물질을 없애지 못한다면 병에 걸리거나 목숨이 위태로워질 수도 있다. 예를 들어 항암제를 맞거나 방사선 치료를 받아 백혈구의 수가 줄어든 상태에서 혈액 속으로 병을 일으키는 병원체가 흘러 들어오면 온몸에 병원체가 퍼지고, 심한 경우에는 몸 상태가 급속하게 나빠져서 생명을 위협하기도 한다.

● 항체가 이끄는 면역 시스템

감기에 걸리면 기침을 하거나 열이 난다. 왜 그럴까? 감기 증상의 대부분은 바이러스 때문에 일어난다. 바이러스가 몸에 들어오면 백혈구의 한 종류인 림프구가 맞서 싸운다. 림프구는 '항체'라는 물질을 만들어서 바이러스를 공격한다. 항체는 이물질과 결합해 그 물질의 기능을 억제하거나 백혈구가 소화시키기 쉽도록 만든다.

그림 **내 몸을 지키는 면역**

백혈구는 몸속에 들어온 이물질을 잡아먹고,
항체를 만들어서 바이러스를 공격해 우리의 몸을 지킨다.

그림 **내 몸을 지키는 재채기와 열**

열, 재채기, 기침, 콧물, 눈물은 모두
우리 몸을 지키기 위한 반응이야.

에취!

저런…

감기에 걸렸을 때 열이 나는 이유는 바이러스가 침입한 것을 알아차린 뇌가 체온을 높이라고 명령하기 때문이다. 체온을 높이기 위해 열을 발생시키면 림프구의 활동이 활발하게 일어나고 이물질을 없애기 쉬워진다. 기침이나 재채기가 나오는 것도 몸속에 침입하려고 하는 이물질을 몸 밖으로 쫓아내기 위해서다. 눈물과 콧물, 침에도 이물질의 기능을 약하게 만드는 물질이 들어 있다. 동물들이 상처가 난 곳을 혀로 핥는 것도 이 때문이다.

지금까지 알아보았듯이 동물은 항상 자신의 몸을 건강하게 유지하기 위한 시스템을 갖추고 있다. 이것을 '면역'이라고 한다. '면'(免)은 벗어난다는 뜻이고 '역'(疫)은 전염병을 뜻한다. 그런데 후천성 면역 결핍증(AIDS) 바이러스는 면역 기능을 하는 림프구에 달라붙으므로, 이 바이러스가 침입하면 면역 반응을 일으키지 못하게 된다.

· 9 · 신경계, 몸의 사령탑

문제 **다음에서 올바른 것을 모두 골라보자.**

㈎ 성인의 대뇌는 약 100만 개의 세포로 이루어져 있다
㈏ 중추 신경이란 뇌와 척수를 말한다
㈐ 말초 신경에는 감각 신경과 운동 신경이 있다
㈑ 눈이나 귀 같은 감각 기관에서 들어온 정보를 중추 신경에 전달하는 신경은 운동 신경이다
㈒ 중추 신경의 명령을 운동 기관에 전달하는 신경은 운동 신경이다

성인의 대뇌에는 약 140억 개의 신경 세포가 있다. 우리 몸은 이 세포들이 서로 영향을 주고받으면서 작동하는 덕분에 건강하게 유지될 수 있다. 눈이나 귀 같은 감각 기관에서 들어오는 정보는 감각 신경을 통해 대뇌, 소뇌, 연수, 척수라는 '중추 신경'으로 전달된다. 중추 신경에서는 들어온 정보를 분석하고 어떤 행동을 할지 판단한다. 그리고 운동 신경을 통해서 근육 같은 운동 기관에 명령을 내린다. 예를 들어, 맛있는 케이크가 눈에 들어오면 팔을 뻗어서 손으로 케이크를 집어서 입에 넣도록 명령한다.

정답 (나), (다), (마)

뇌의 구조

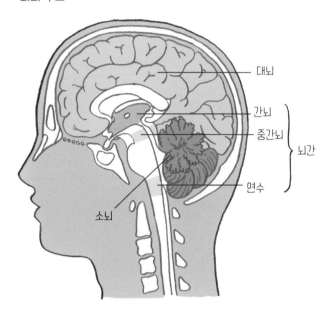

대뇌

간뇌

중간뇌

뇌간

연수

소뇌

● 체성 신경계와 자율 신경계

눈앞에 놓인 케이크를 보고 손으로 집어서 입안에 넣는 행동은 케이크를 먹겠다는 의지를 가지고 한 움직임이다. 이런 행동을 '수의 운동'이라 하고, 이때 작동하는 신경을 '체성 신경계'라고 한다. 한편, 자신의 의지와 상관없이 일어나는 순환, 호흡, 소화, 땀 분비, 체온 조절, 내분비 같은 불수의 운동은 '자율 신경계'가 제어한다. 우리 몸은 체성 신경계와 자율 신경계의 작용을 통해서 몸 안쪽과 바깥쪽의 상황을 정확하게 판단해 일정한 상태를 유지하고 있다.

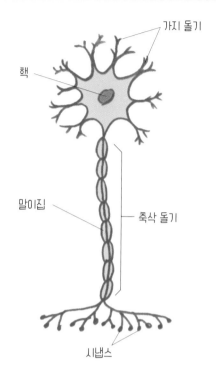

가지 돌기

핵

말이집

축삭 돌기

시냅스

● 뇌가 통제하지 않는 반응

육식 동물이 먹잇감을 향해 뛰어들거나 초식 동물이 위험을 눈치채고 도망치는 것은 의지를 가지고 하는 행동이다. 이것은 자극이 대뇌로 전달되고 대뇌가 어떻게 반응할지 판단한 뒤에 나타나는 결과나.

한편, 우리는 무의식적인 반응을 보일 때도 있다. 예를 들어 갑자기 눈앞에 물건이 날아오면 순간적으로 눈을 감고, 물이 끓고 있는 주전자에 실수로 손을 댔을 때 순간적으로 손을 떼는 것 등이다. 무엇이 날아왔는지, 무엇을 만졌는지 머리가 알기 전에 몸이 먼저 반응하는 무의식적인 행동이다. 이런 경우에는 감각 기관을 통해 들어온 자극이 대뇌로 전달되기 전에 반응이 일어난다. 대뇌 이외의 중추 신경인 척수 등이 운동 신경에 명령을 보내는 것이다.

이렇게 대뇌 이외의 중추 신경에서 명령을 보내고 정해진 반응이 일어나는 것을 '무조건 반사'라고 한다. 자극을 받고 나서 반응하기까지 걸리는 시간이 매우 짧기 때문에 위험이 닥쳤을 때 재빠르게 자신의 몸을 보호할 수 있다.

그림 의식적인 반응과 무의식적인 반응

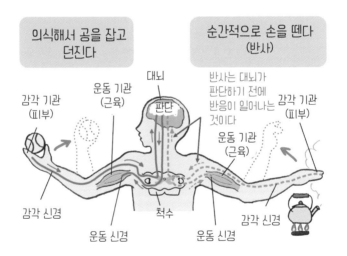

우리의 체온은 항상 36~37℃로 유지되고 있다. 어떻게 보면 참 신기한 일이다. 이는 모두 뇌간에 있는 체온 조절 중추가 작동해 체온을 감시하고 조정하는 일을 쉬지 않고 해주는 덕분이다. 만약 이렇게 체온이 조절되지 않는다면 우리는 서서히 목숨을 잃게 될 것이다.

저체온 초기 증상은 몸이 떨리는 것이다. 피곤할 때 나타나는 증상과 비슷하기 때문에 '쉬면 괜찮아지겠지'라고 생각해 내버려두는 사람이 의외로 많다. 그렇게 되면 체온은 계속 떨어지고 체온 조절 중추도 더이상 작동하지 않게 될 것이다.

체온이 30℃ 이하로 떨어지면 오히려 몸의 떨림은 사라진다. 그러다가 큰소리로 떠들거나 입고 있는 옷을 벗어버리는 등 정신착란 상태에 빠지는 경우도 있다. 체온이 더욱 떨어지면 혼수상태에 빠지고 결국 동사하고 만다.

표　체온과 증상

체온	의식	몸의 떨림	심장 박동 수
35~33℃	정상	있음	정상
33~30℃	무관심	없음	조금 떨어짐
30~25℃	착란, 환각	없음	눈에 띄게 떨어짐
25~20℃	혼수, 가사	근육 경직	눈에 띄게 떨어짐
20℃ 이하	거의 사망 상태	근육 경직	사라짐

제4장

동물은 어떻게 발달해왔을까?

식물에 비하면 동물의 몸은 종마다 구조가 조금씩 다르다. 왜 이런 차이가 발생했을까? 바로 먹이를 얻는 방법이 다양하기 때문이다. 이 장에서는 척박한 환경에 적응해 살아남은 동물들의 다양한 몸의 구조에 대해 살펴볼 것이다. 더불어 진화의 역사도 함께 알아보자.

·1· 척추동물은 어떤 특징이 있을까?

● 척추동물

척추란 등뼈를 가리키는 말로, 몸 안에 등뼈가 있는 동물을 척추동물이라고 한다. 척추동물은 등뼈 끝에 머리뼈가 있고 그 안에 뇌가 들어 있다. 몸의 움직임은 뇌에서 조절하는데, 뇌 가까이에 감각 기관이 모여 있고 뼈에 잘 발달된 근육이 붙어 있어 먹이가 시야에 들어온 순간 몸을 재빠르게 움직여서 잡을 수 있다. 척추동물은 포유류, 조류, 파충류, 양서류, 어류로 나뉜다.

표　척추동물의 분류

포유류	개, 고양이, 고래
조류	까마귀, 타조, 펭귄
파충류	도마뱀, 뱀, 거북
양서류	개구리, 영원, 도롱뇽
어류	송사리, 붕어, 참치

개
까마귀
송사리
도마뱀
개구리

● 내골격, 척추동물의 가장 큰 특징

척추동물들은 등뼈뿐만 아니라 부드러운 뇌를 보호하기 위한 머리뼈와 몸을 지탱하고 움직이는 데 필요한 여러 골격을 몸 안에 가지고 있다. 이것을 '내골격'이라고 한다. 내골격이 있다는 것이야말로 척추동물의 가장 큰 특징이다. 한편, 새우나 게, 곤충의 골격은 몸의 바깥쪽에 있으므로 '외골격'이라고 한다.

표	척추동물의 특징				
	자손	체온	수정	호흡 기관	몸의 표면
포유류	새끼	정온	체내수정*	폐	털
조류	알(껍데기 있음)	정온	체내수정	폐	깃털
파충류	알(껍데기 있음)	변온	체내수정	폐	비늘
양서류	알(껍데기 없음)	변온	체외수정	어릴 때는 아가미, 커서는 폐	점액 때문에 축축한 피부
어류	알(껍데기 없음)	변온	체외수정	아가미	비늘

*: 암컷의 몸 안에서 정자와 난자가 결합하는 것을 가리킨다.

어류, 양서류, 파충류는 외부 환경의 온도에 따라서 체온이 변하는 '변온 동물'이다. 변온 동물은 체온을 유지하는 데 에너지를 사용하지 않아도 된다. 그래서 조류나 포유류처럼 외부 환경에 관계없이 체온을 일정하게 유지하는 '정온 동물'에 비해서 적게 먹어도 살 수 있다. 하지만 서식 범위나 행동이 주변 온도에 크게 좌우된다는 단점도 있다.

척추동물은 한 번에 얼마만큼 번식할까? 어류인 연어는 한 번에 알 1,000~5,000개, 양서류인 참개구리는 알 1,800~3,000개, 파충류인 구렁이(뱀과에 속하는 파충류)는 알 4~17개, 조류인 참매는 알 2~3개, 포유류인 코끼리는 새끼 1마리를 낳는다. 연어와 참개구리는 물속에 알을 낳은 뒤 자신의 알을 돌보지 않는다. 그렇기 때문에 알 대부분이 다른 동물에게 잡아먹힌다. 수천 개의 알 중에 성체로 자라서 부모가 되는 것은 몇 개뿐이다. 구렁이도 자신이 낳은 알을 보호하지 않지만, 물속보다 훨씬 안전한 썩은 나무나 큰 바위 아래에 알을 낳는다. 그래서 한 번에 낳는 알의 개수가 연어나 참개구리보다 훨씬 적다.

바다 밑바닥에서 사는 창고기는 몸이 이쑤시개처럼 가느다랗고 길이는 3~5cm이며 흰색을 띤다. 신경은 있지만 뇌는 없다. 또한 입과 소화관은 있지만 턱은 없다. 몸속으로 들어온 바닷물에서 플랑크톤을 걸러내 영양분을 얻는다. 주로 온대 지방과 열대 지방에서 서식하고 있다.

창고기

창고기는 척추동물의 조상으로
여겨지고 있어.

'고기'라고는 하지만 어류는 아니다. 등뼈는 없고 머리에서 몸 끝까지 막대기 모양의 척삭이 나 있을 뿐이다. 척추동물은 모두 수정란에서 성체가 되는 동안에 잠깐 척삭을 가진다. 우리 인간도 태아기에는 척삭이 있었다. 하지만 척추가 만들어지면서 척삭은 척추뼈 사이에 흡수된다. 창고기를 척추동물의 조상이라고 하는 이유는 바로 척추의 기원이 되는 척삭이 있기 때문이다.

약 5억 년 전 어류가 바닷속에 처음 출현한 뒤 오랜 세월이 지나고 강이나 연못에서 살기에 알맞은 기관을 갖춘 물고기가 나타났다. 바로 아가미와 폐가 둘 다 있는 폐어였다. 폐어는 우기에는 아가미, 건기에는 폐로 호흡하며 살아남을 수 있었다. 지금도 아프리카 폐어는 건기가 되면 피부에서 나오는 분비물로 자기 몸 주변의 진흙을 굳혀서 누에고치 같은 것을 만들고 그 속에 숨어서 생존한다.

한편, 가슴지느러미에 튼튼한 뼈와 근육이 붙은 물고기도 나타났다. 땅 위에 올라와서도 지느러미로 몸을 지탱하는 물고기였다. 그들의 자손이 바로 실러캔스다. 실러캔스는 1990년대 중반까지 200마리 정도 포획되었는데, 지금은 남아프리카를 포함한 세계 각지의 박물관에 박제본이나 복원본이 전시되어 있다. 그리고 지금으로부터 약 4억 년 전, 폐어와 실러캔스의 조상에서부터 양서류가 진화한 것으로 보인다.

그림   폐어와 실러캔스

폐어

실러캔스

오늘날 육상에서 살고 있는 대형 동물은 모두 척추동물이다. 하지만 지구상에는 등뼈가 없는 무척추동물이 훨씬 더 많고 종류도 다양하다. 지구에 생명이 탄생한 지 약 38억 년이 되었는데, 척추동물이 등장한 것은 약 5억 년 전의 일이다. 38억 년을 하루 24시간으로 환산하면, 척추동물은 밤 9시에 등장한 셈이다. 인간은 밤 11시 57분 21초에 등장했다. 오전 0시부터 무려 21시간 동안 무척추동물만으로 이루어진 세상이 계속된 것이다. 게다가 그중 대부분은 박테리아(세균) 같은 아주 작은 생물이었다.

● 무척추동물의 종류

무척추동물은 다음과 같이 분류할 수 있다.

- 절지동물: 매미나 장수풍뎅이 같은 곤충류, 거미류, 새우나 게 같은 갑각류, 지네 같은 다지류
- 연체동물: 바지락, 달팽이, 문어 등
- 환형동물: 지렁이, 거머리, 갯지렁이 등
- 기타: 성게, 불가사리, 말미잘, 해면 등

이 중 절지동물은 몸의 표면이 딱딱한 껍데기, 즉 외골격으로 둘러싸여 있다.

이제부터 환형동물인 지렁이, 연체동물인 바지락, 절지동물, 특히 곤충을 통해 이들의 구조와 생활에 대해 자세히 알아보자. 첫 번째 주인공은 지렁이다.

지렁이는 축축한 흙 속이나 낙엽 아래처럼 직사광선이 닿지 않는 곳에 산다. 낮에는 땅속에서 조용히 지내지만, 밤이 되면 흙과 함께 유기물을 삼키기도 하고 땅 위로 나가 마른 잎 같은 유기물을 먹기도 한다. 흙은 소화되지 않고 작은 구슬 모양의 배설물로 나온다. 구슬 모양의 배설물이 모여 만들어진 흙은 영양분이 포함되어 있고 산소와 물이 통과하기 쉬워 식물이 자라기에 매우 좋다.

19세기 영국의 과학자인 찰스 다윈(Charles Robert Darwin, 1809~1882)은 우연히 지렁이의 행동에 흥미를 느끼게 되었다. 그래서 지렁이 몇 마리를 해부해 지렁이가 삼킨 흙이 잘게 부서지는 과정을 밝혀냈다. 또 일정 구역에서 발견된 지렁이 똥을 모아서 잘게 부순 다음 평평하게 펼쳐놓고 두께를 재기도 했다. 지렁이 연구를 30년 가까이 계속한 다윈은 자신이 연구를 시작할 때 백악(조개껍데기 등으로 만들어진 석회암)을 뿌려뒀던 목초지를 찾아가서 백악이 나올 때까지 땅을 깊이 팠다. 그리고 자신이 판 땅의 깊이를 잰 후에 '평평한 토지에서 지렁이가 흙을 삼키고 잘게 부숴 곱고 촉촉한 흙으로 내어놓는 양은 1년에 약 6mm 깊이다'라는 결론을 냈다.

지렁이는 뼈가 없다. 근육만 늘였다 줄였다 하며 움직이기 때문에 매우 느리다. 또한 눈도 없다. 대신 몸의 표면에 빛을 느끼는 세포가 있어서 햇빛을 피해 건조하지 않은 상태를 유지할 수 있다. 한편 단순한 형태이기는 하지만 심장과 혈관, 그리고 입에서 항문으로 이어지는 긴 소화관과 신경계를 지니고 있다. 또한 일반적인 동물과 달리 몸에 암수 양쪽의 생식 기관을 모두 가지고 있다. 이러한 특징을 '자웅 동체'라고 한다.

그림 지렁이의 몸 구조

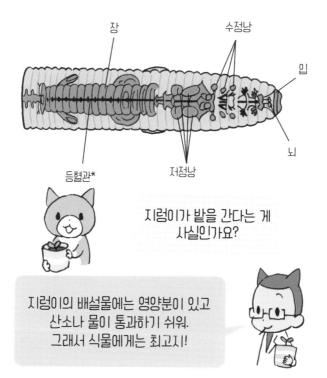

장
수정낭
입
등혈관*
저정낭
뇌

지렁이가 밭을 간다는 게 사실인가요?

지렁이의 배설물에는 영양분이 있고 산소나 물이 통과하기 쉬워. 그래서 식물에게는 최고지!

*: 등혈관이 뛰어서 심장 역할을 한다.

바지락은 얕은 바다의 모래 속에서 생활한다. 보통 조개껍데기가 세로로 세워진 상태에서 발은 아래를 향해 두고, 수관 2개를 모래 위로 내놓고 있다. 수관은 다음의 그림에서 볼 수 있듯이 입수관과 출수관을 말한다. 먼저 입수관으로 바닷물과 함께 미생물이 다량 함유된 모래를 먹고 그 속에서 영양분을 흡수한다. 그리고 필요 없는 것은 출수관으로 내보낸다. 이렇게 영양분을 흡수하는 동시에 아가미로 호흡도 한다.

바지락 1마리는 매일 약 1L의 물을 여과한다. 바지락 같은 이매패류에는 혀처럼 생긴 발이 있는데 근육으로 이뤄져 있다. 발끝을 모래 속에 꽂고 수축과 이완을 반복하면서 이동한다.

바지락은 위협을 느끼면 조개관자의 강력한 근육을 이용해 조개껍데기를 닫는다. 실제로 억지로 조개껍데기를 열려고 해본 사람은 잘 알겠지만 조개관자의 근육은 힘이 매우 세다.

바지락에도 심장, 위, 장이 있고, 이러한 내장은 외투막으로 안전하게 싸여 있다. 조개껍데기 2장은 인대로 연결되어 있다. 단단한 조개껍데기는 적에게 잡아먹히지 않도록 보호하는 갑옷 역할을 한다. 하지만 석회석처럼 탄산칼슘으로 만들어져 있기 때문에 산을 만나면 녹아버린다.

이매패류

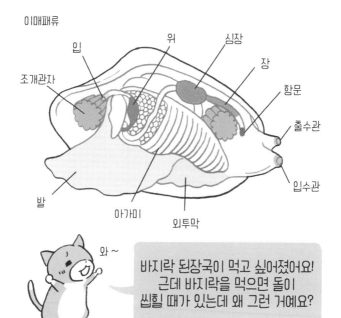

입
위
심장
장
조개관자
항문
출수관
입수관
발
아가미
외투막

와 ~

바지락 된장국이 먹고 싶어졌어요!
근데 바지락을 먹으면 돌이
씹힐 때가 있는데 왜 그런 거예요?

바지락은 미생물이 듬뿍 들어 있는
모래를 바닷물과 함께 마시고
영양분을 얻거든. 그 뒤에 필요 없는
모래를 뱉으니까 해감을 잘하면
깨끗한 바지락을 맛있게 먹을 수 있어!

절지동물은 '몸과 다리에 마디가 있는 동물'이라는 뜻으로 갑각류, 곤충류, 다지류 등이 있다. 절지동물은 동물 중에서 가장 종류가 많고 바다와 연못, 땅과 하늘의 어디에서나 발견된다. 그렇다면 이렇게 절지동물이 번성할 수 있었던 이유는 무엇일까? 가장 큰 원인은 외골격의 발달에서 찾을 수 있다. 외골격 덕분에 땅 위로 나왔을 때 몸속의 수분이 마르는 걸 막을 수 있었고, 물속에서는 겪어본 적 없는 중력을 견디며 몸을 지탱할 수 있었다. 게다가 튼튼한 외골격은 몸속의 장기도 보호했으며, 외골격에 붙어 있는 근육 덕분에 몸을 재빠르게 움직일 수도 있었다.

● 곤충은 어떻게 생겼을까?

곤충은 절지동물의 한 종류로, 몸은 외골격으로 싸여 있고 그 안에 근육이 있다. 곤충의 종류는 약 80만 종으로 동물 중에서도 매우 많은 편인데, 다음과 같은 공통적인 특징이 있다.

① 몸은 머리, 가슴, 배로 나뉜다
② 가슴에는 다리 3쌍이 있다
③ 가슴과 배의 옆에 있는 기문을 통해 호흡한다

곤충의 머리에는 눈과 더듬이 같은 감각 기관이 모여 있다. 눈은 각각 하나의 눈으로 이루어진 홑눈 3개와 수백 개에서 수만 개의 낱눈으로 이루어진 겹눈을 모두 가지고 있다. 감각 기관에서 들어온 정보가 뇌에 전해지면, 뇌는 다리와 날개를 움직이는 근육에 명령을 내린다. 가슴에는 다리와 날개 같은 운동 기관이 모여 있고 발달된 근육도 갖추고 있다. 한편, 가슴과 배의 옆에는 기문이 있는데, 기문을 통해 몸 안으로 들어온 공기는 기관을 통해 여러 조직에 골고루 전달된다.

그림 메뚜기로 알아보는 곤충의 몸 구조

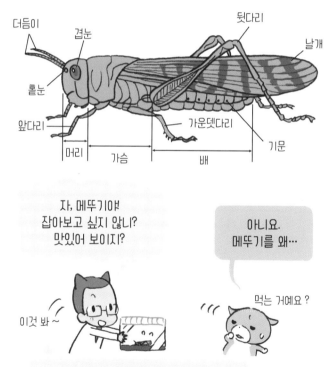

제5장

생물은 모두 세포로 이루어져 있어

생물의 종류는 실로 다양하다. 하지만 그 모든 생물이 공통적으로 가지고 있는 것이 있다. 바로 '세포'다. 이 장에서는 세포란 무엇이고, 하나의 세포가 어떻게 인간처럼 복잡한 생물로 진화했는지에 대해 알아볼 것이다.

·1· 세포란 무엇일까?

모든 생물을 구성하는 가장 작은 단위는 세포다. 지렁이도 인간도 코끼리도 고래도, 서로 생김새와 크기는 다르지만 몸을 구성하는 세포의 크기는 거의 비슷하다. 코끼리와 고래의 몸집이 큰 이유는 지렁이나 쥐보다 훨씬 많은 세포로 이루어져 있기 때문이다.

그림 식물 세포와 동물 세포의 차이

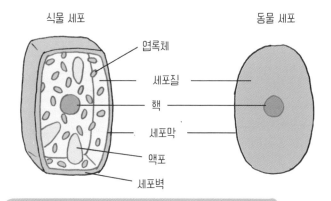

식물 세포　　　　　　　　　　동물 세포

엽록체
세포질
핵
세포막
액포
세포벽

덩치가 큰 코끼리건 훨씬 작은 지렁이건, 모든 생물의 몸을 만들고 있는 것은 크기가 비슷한 세포야.

그렇구나 ～

세포는 거의 물과 단백질로 이루어져 있다. 그리고 모든 세포에는 핵, 세포질, 세포막이 공통적으로 있다. 핵과 세포질을 합해 원형질이라고 한다. 동물 세포에는 없지만 식물 세포에는 엽록체, 세포벽이 있다.

① 핵과 세포질

핵 안에는 유전자가 들어 있다. 세포막 안쪽에서 핵을 제외한 부분을 세포질이라고 한다.

② 세포막

1mm의 10만 분의 1 정도 두께의 아주 얇은 막이다. 세포막은 단순히 세포의 안과 밖을 구분하는 역할뿐만 아니라, 세포에 필요한 물질은 안으로 들여보내고 필요 없는 물질은 밖으로 내보내는 중요한 작용을 한다. 이렇게 물질을 선택적으로 이동시키는 작용 덕분에 세포가 살아갈 수 있다.

③ 세포벽

식물 세포에서 세포막의 바깥쪽을 둘러싸고 있는 것은 세포벽이다. 세포막은 매우 부드럽고, 안쪽은 액체로 채워져 있다. 그러한 세포를 여러 개 쌓으면 어떻게 될까? 곧바로 찌그러지고 말 것이다. 동물과 달리 식물은 뼈가 없기 때문에 세포 하나하나에 단단한 세포벽을 만들고 블록처럼 차곡차곡 쌓아서 몸을 지탱한다.

④ 액포

식물 세포가 성장하는 과정에서 나오는 노폐물이 모이는 주머니다. 꽃의 색을 내는 색소도 여기에 쌓인다.

● 단세포 생물과 다세포 생물

아메바나 짚신벌레처럼 몸이 단 하나의 세포로 이루어진 생물을 '단세포 생물'이라 하고, 양파, 지렁이, 그리고 우리 인간처럼 여러 개의 세포가 모여서 이루어진 생물을 '다세포 생물'이라고 한다. 다세포 생물은 생김새와 하는 일이 비슷한 세포들이 모여서 '조직'을 만들고, 몇 개의 조직이 모여서 특정한 일을 하는 '기관'을 만들며, 서로 다른 기관들이 모여서 하나의 '개체'가 만들어진다.

성인의 경우 약 37조 개나 되는 세포로 이루어져 있는데, 그 세포들을 성질에 따라서 구분하면 약 200종류나 된다고 한다. 아래 그림을 보면서 '위'라는 기관을 형성하는 조직에 대하여 알아보자.

위의 가장 안쪽에는 점막을 구성하는 상피 세포가 모여서 수 밀리미터 두께의 상피 조직을 형성한다. 상피 조직의 여기저기에는 위액을 분비하는 위샘 세포가 모인 위샘 조직이 만들어져 있다. 그리고 상피 조직 바깥쪽에는 근육 세포가 모여서 수 밀리미터 두께의 근육 조직을 이루고 있다.

그림 위의 구조

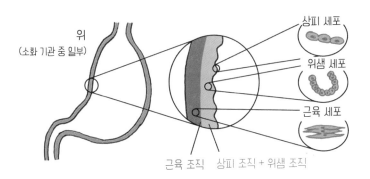

위
(소화 기관 중 일부)

상피 세포
위샘 세포
근육 세포

근육 조직　상피 조직 + 위샘 조직

·2· 우리 몸에 있는 세포들

생물의 몸은 정말 위대하다. 고작 수십 마이크로미터(μm, 1mm의 1,000분의 1)밖에 안 되는 세포가 분열을 반복해 엄청난 숫자로 늘어나고, 각 세포가 서로 신호를 주고받으면서 각자의 역할을 제대로 해낸다.

예를 들어 우리가 음식을 너무 많이 먹으면 남는 영양분은 지방이 되어 지방 세포 안에 쌓인다. 뚱뚱한 사람은 마른 사람에 비해 지방 세포의 수가 많고 지방 세포 안은 지방으로 차 있어서 크기도 더 크다.

뼈를 만드는 조골 세포는 세포 안에서 콜라겐이라는 튼튼한 섬유 물질을 만들어서 세포 바깥으로 내보낸다. 그러면 콜라겐은 혈액에 실려온 인산 칼슘과 만나 단단한 뼈를 만든다.

지방을 저장하고, 뼈를 만들고, 땀을 흘리고, 알코올을 분해하는 등 생물의 몸에서 벌어지는 모든 일은 세포가 처리하는 것이다.

표	여러 가지 세포의 작용
지방 세포	지방이 축적되는 세포
조골 세포	뼈를 만드는 데 필요한 콜라겐을 만드는 세포
땀샘 세포	땀을 저장하거나 내보내는 세포
위샘 세포	위액을 만들어내는 세포
시각 세포	빛을 감지하고 전기적인 신호로 바꾸는 세포

세포가 한 번 분열하면 개수는 2배가 된다. 10번 분열하면 1,024 개가 되고, 20번 분열하면 1,048,576개가 되며, 30번 분열하면 1,073,741,824개가 된다는 말이다. 분열하는 횟수가 10번 늘 때마다 세포 수는 거의 1,000배씩 늘어나는 셈이다.

성인의 몸은 약 37조 개의 세포로 이루어져 있으니, 어림잡아 계산하면 수정란 하나가 약 45번 분열을 반복해서 우리의 몸이 완성되는 셈이다.

> **그림**　세포 분열 과정

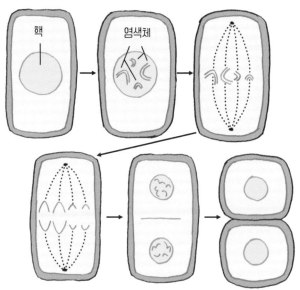

핵 안에서 모양과 크기가 같은 염색체가 2개씩 형성되고
그것이 분열해 세포 2개의 염색체와 핵이 된다.

암은 정상 세포가 암세포로 변화하는 것에서부터 시작된다. 정상 세포는 수명이 짧아 세포 분열을 몇 번 반복한 뒤 죽음을 맞이한다. 하지만 암세포는 수명이 길고 웬만해서는 죽지 않는다. 게다가 세포 분열도 활발하게 일어나기 때문에 그 수가 빠르게 늘어간다.

암세포의 또 다른 특징은 다른 기관으로 퍼진다는 점이다. 정상 세포는 자신이 태어난 곳에서 분열하고 그곳에서 죽는다. 하지만 암세포는 태어난 곳을 벗어나 새로운 기관으로 옮겨 가도 생존할 수 있다. 이렇게 암세포가 자신이 만들어진 곳이 아닌 다른 기관에서 숫자를 늘려가는 것을 암세포의 '전이'라고 한다.

세포의 수가 끝없이 늘어나고 여러 장기에서 살 수 있다는 점은 암세포만의 특징이다. 또한 암세포는 정상 세포와 비교해 크기가 크고 세포 안의 핵도 크며, 염색액으로 처리하면 더욱 진하게 염색이 된다.

암세포는 수명이 길고 활발하게 분열하며 다른 곳으로 전이된다는 특징이 있어.

따뜻한 물에 들어갔다 나와서 몸을 문지르면 때가 나온다. 머리를 감지 않으면 비듬이 생긴다. 때와 비듬은 모두 죽은 세포다. 몸의 표면에 있는 세포는 외부 자극 때문에 상처를 입고 죽어간다. 몸속의 세포도 자신의 역할을 제대로 하지 못하게 되면 스스로 죽거나 다른 세포에게 공격받아 파괴된다.

그렇다면 세포의 수명은 얼마나 될까? 인간의 경우, 적혈구는 약 4개월, 백혈구는 약 2주, 소장 표면에서 영양분을 흡수하는 세포는 하루 반 동안 산다. 인간의 몸에서는 1초 동안 약 5,000만 개의 세포가 죽고 그만큼 새로운 세포가 만들어진다. 예외적으로 수명이 긴 세포도 있다. 바로 뇌에 많은 신경 세포와 심장의 심근 세포다. 이 세포들은 100년 이상 살기도 한다. 그러나 간세포처럼 활발하게 분열하지는 못하므로 세포 수가 늘어나지 않는다. 그래서 뇌와 심장은 치료하기가 어렵다.

지금 이 순간에도 내 몸속에서는
5,000만 개의 세포가 죽고
5,000만 개의 세포가 만들어지고
있구나.

·4· 동물은 어떻게 번식할까?

생물에게는 반드시 부모가 있다. 즉, 모든 생물은 자신과 같은 종을 만들 수 있다. 이렇게 생물이 자손을 만드는 것을 '생식'이라고 한다. 아메바 같은 단세포 생물은 대부분 부모의 몸이 둘로 나눠지는 '분열'을 통해서 번식한다. 분열처럼 성별과 상관없이 일어나는 생식을 '무성 생식'이라고 한다. 반면에 대부분의 동물은 암컷과 수컷으로 나뉜다. 암컷과 수컷이 짝짓기를 하여 자손을 낳는 것을 '유성 생식'이라고 한다. 암컷의 몸속에는 난소가, 수컷의 몸속에는 정소가 있다. 난소에서는 난자가, 정소에서는 정자가 만들어진다. 난자와 정자는 모두 1개의 세포다. 난자에는 영양분이 많아서 세포 크기가 다른 세포에 비해 크다. 정자는 난자보다 훨씬 작고 활발하며 머리 부분은 거의 핵이 차지하고 있다. 난자와 정자처럼 자손을 만들기 위해 특별히 만들어진 세포를 '생식세포'라고 한다.

그림 개구리와 쥐의 생식 기관

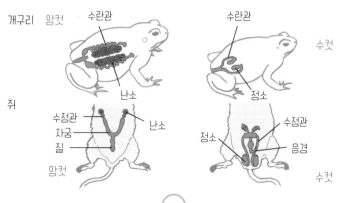

개구리 암컷 수란관 수란관 수컷
난소 정소
쥐
수정관 난소
자궁
질
암컷 정소 수정관 음경 수컷

생일은 우리가 세상에 태어난 날이다. 하지만 우리는 태어나기 전에 약 270일 동안을 이미 어머니의 배 속에서 살았기 때문에, 진짜 생일은 세상으로 나온 날에서 약 270일 전이라고 할 수 있다.

태어난 날의 약 270일 전에 우리는 지름 0.2mm 정도의 수정란이었다. 단 하나의 세포였던 것이다. 수정란은 여성의 난자와 남성의 정자가 결합해 만들어진다. 난자는 보통 한 달에 한 번씩 난소에서 나오는데, 나온 순간부터 24시간 안에 정자와 만나지 못하면 죽고 만다. 한편, 남성의 정소에서는 정자가 한 번에 1억 개 이상이 나오는데, 난자 주위에 도달할 수 있는 것은 약 100개이고, 난자와 결합할 수 있는 것은 오직 1개뿐이다.

이렇게 만들어진 수정란은 24시간 정도 지나면 분열하기 시작한다. 이 현상을 '난할'이라고 한다. 처음에는 하나의 세포였던 것이 2개가 되고, 2개는 4개가 되고, 4개는 8개가 되는 과정이 반복되면서 세포는 계속 늘어간다.

수정 뒤 4.5일이 지나면 세포의 수는 100개가 넘는데 이것을 '상실배'라고 한다. 그다음 상실배 안쪽에 공간이 생기면 '포배'가 되고 드디어 자궁벽에 달라붙는 착상이 일어난다. 그 전까지 세포들은 자기 안의 영양분을 사용해 살아왔지만, 착상 뒤에는 어머니의 몸에서 태반을 통해 영양분과 산소를 받아 자란다.

이때부터 수많은 세포는 계속 분열하면서 성질이 서로 다른 세포로 나뉜다. 피부를 만드는 세포, 뼈를 만드는 세포, 근육을 만드는 세포 등으로 변화해가는 것이다. 이렇게 특정한 역할을 하는 세포로 나뉘는 것을 '분화'라고 한다. 만약 분화가 일어나지 않았다면 우리는 등뼈도 없고 손과 발도, 얼굴과 머리카락도 없는 커다란 살덩어리로 태어났을 것이다. 그러니 분화는 매우 중요한 현상이다.

제 생일은
7월 1일이에요!

으흠

고양이의 임신 기간은 약 65일이니까
진짜 생일은 4월 25일 정도겠구나.

아~ 그렇구나~

네가 진짜로
고양이라면 말이야.

·5· 발생, 세포가 성장하는 과정

수정란이 난할과 분화를 통해 하나의 개체가 되는 과정을 '발생'이
라고 한다. 개구리를 예로 발생 과정을 자세히 알아보자.

그림 개구리의 발생

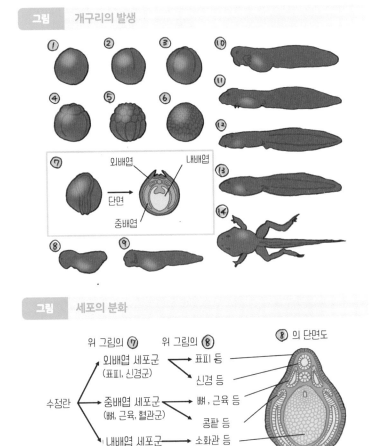

그림 세포의 분화

•6• 식물은 어떻게 번식할까?

우리가 주변에서 쉽게 볼 수 있는 식물들은 대부분 종자식물이다. 종자식물의 경우 곤충이나 바람이 수술의 꽃가루를 암술머리로 옮겨주면 수분이 일어난다. 암술머리에 붙은 꽃가루에서는 꽃가루관이 자라서 암술 끝에 있는 밑씨를 향해 뻗어나간다. 그리고 꽃가루 안에 있는 정세포의 핵이 밑씨까지 도달하면 밑씨 안에 있는 난세포와 결합한다. 이렇게 해서 종자식물의 수정란이 만들어진다.

그림 종자식물의 수분부터 발아까지

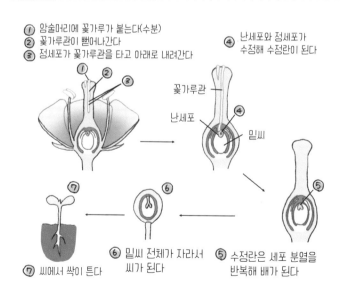

① 암술머리에 꽃가루가 붙는다(수분)
② 꽃가루관이 뻗어나간다
③ 정세포가 꽃가루관을 타고 아래로 내려간다
④ 난세포와 정세포가 수정해 수정란이 된다

꽃가루관
난세포
밑씨

⑤ 수정란은 세포 분열을 반복해 배가 된다
⑥ 밑씨 전체가 자라서 씨가 된다
⑦ 씨에서 싹이 튼다

수정란은 동물의 수정란처럼 세포 분열을 반복해서 배가 되고, 밑씨는 성숙해 씨가 된다. 씨는 주위 환경이 살아가기에 알맞은 상태가 되면 싹을 틔우고 뿌리, 줄기, 잎으로 분화해간다.

종자식물의 대부분은 정세포의 핵과 난세포가 결합하는 유성 생식으로 자손을 남긴다. 하지만 무성 생식으로 자손을 남기는 종류도 많다. 예를 들어, 감자는 줄기의 일부가 변형되어 만들어진 씨감자에서 싹을 틔워 번식하고, 참마는 줄기의 중간에 붙어 있는 작은 주아로 번식한다. 그리고 튤립처럼 땅속줄기로 번식하는 것, 수국이나 철쭉, 국화처럼 꺾꽂이를 통해 번식하는 것도 무성 생식의 한 방법이다.

제가 잠만 자니까 한가해 보이지요?

그렇지 않아.
굳이 말하자면 먹기만 하는
편이고….

육식 동물은 사냥할 때 쓰려고 평소에는 에너지를 아끼잖아요.
고양이도 마찬가지예요!

제6장

생물의 특징은
유전된다

동화 《미운 오리 새끼》에서 주인공 새끼 오리는 오리처럼 생기지 않았다는 이유로 친구들에게 괴롭힘을 당한다. 사실 주인공은 오리가 아니라 백조였기 때문에 어미인 줄 알았던 오리의 유전자를 받은 게 아니어서 생김새가 다른 것은 당연한 일이었다. 이 장에서는 유전이 이루어지는 과정을 자세히 살펴보자.

·1· 유전이란 무엇일까?

유전이란 생물의 형질(생김새와 특징)이 부모로부터 자식에게로, 또는 세포에서 다음 세대의 세포로 전해지는 현상이다.

● 유전의 법칙을 세계 최초로 발견한 멘델

오스트리아의 신부였던 멘델은 지역의 농업을 발전시키기 위해 노력했다. 그러던 중 식물의 유전에 대해서 알아보겠다고 결심하고 수도원의 안뜰에 밭을 만들고 완두를 키우기 시작했다. 그리고 씨의 색이나 줄기의 길이 등 완두에게 나타나는 특징을 분류하고 각 특징을 보이는 완두의 숫자를 기록해 비율을 계산했다. 그 결과, 생각지도 못한 사실을 밝혀내었다.

● 콩깍지가 녹색인 완두와 황색인 완두를 교배했을 때

멘델이 유전을 연구하던 당시의 사람들은 부모의 특징이 섞여서 자녀에게 전달된다고 믿었다. 그런데 녹색 콩깍지를 가진 완두와 황색 콩깍지를 가진 완두를 교배했더니 녹색 콩깍지를 가진 완두만 나왔다. 한편 줄기의 키가 큰 완두와 줄기의 키가 작은 완두를 교배했더니 줄기의 키가 큰 완두만 나왔다. 그것을 보고 멘델은 생각했다.

"줄기의 키나 콩깍지의 색깔 같은 특징을 만들어내는 유전자가 있는 것이 아닐까? 완두는 그 유전자를 2개씩 가지는 거야. 콩깍지

그레고어 요한 멘델(1822~1884)

멘델이 발견한 유전에 관한 법칙을
'멘델 법칙'이라고 한다.

우성이라는 건 더 뛰어나다는 뜻인가요?

그렇지 않아. 성질을 겉으로
드러내는 쪽을 우성, 드러나지 않게
숨기는 쪽을 열성이라고 부르는 거지.

의 색깔을 만들어내는 유전자는 황색 콩깍지를 만드는 것 하나, 녹색 콩깍지를 만드는 것 하나, 이렇게 두 종류인 것이고. 그런데 두 종류가 함께 있다면 황색 콩깍지를 만드는 유전자는 자신의 성질을 숨기고, 녹색 콩깍지를 만드는 유전자는 자신의 성질을 드러내서 완두는 녹색 콩깍지로 태어나는 거지. 자신의 성질을 겉으로 드러내는 쪽을 '우성', 숨기는 쪽을 '열성'이라고 부르자."

141

멘델은 자신의 생각을 증명하기 위해 직접 완두를 키우고 관찰하는 실험을 반복했다. 그리고 대대로 우성 형질을 나타낸 부모와 대대로 열성 형질을 나타낸 부모를 교배하면 반드시 우성 형질을 나타내는 자녀가 태어난다는 사실을 발견했다. 이것을 '우열의 원리'라고 한다.

● 유전자를 표시하는 방법

유전자는 세포의 핵 속에 있는 염색체에 있는데, 생김새와 크기가 같은 염색체가 2개씩 한 쌍을 이루고 있다. 이것을 '상동 염색체'라고 한다. 완두의 경우에는 7가지 형질을 결정하는 14개의 염색체가 있다. 그리고 상동 염색체 중 한 쌍(2개)에 줄기의 키를 결정하는 유전자가 하나씩 있다. 우성 형질을 나타내는 유전자는 알파벳 대문자로, 열성 형질을 나타내는 유전자는 알파벳 소문자로 쓴다. 예를 들어 줄기의 키가 큰 완두의 유전자는 A, 줄기의 키가 작은 완두의 유전자는 a라고 쓰는 것이다. 따라서 언제나 줄기의 키가 큰 자녀만 만드는 부모의 유전자는 AA, 언제나 줄기의 키가 작은 자녀만 만드는 부모의 유전자는 aa와 같이 알파벳 2개로 표시한다.

한편 완두의 생식세포인 난세포나 정세포가 만들어질 때는 원래 14개였던 염색체 수가 절반인 7개로 줄어든다. 생식세포에는 한 쌍의 상동 염색체 중 하나만 들어가기 때문이다. 이렇게 염색체의 숫자가 절반이 되는 세포 분열을 '감수 분열'이라고 한다. 따라서 난세포나 정세포의 유전자는 A나 a처럼 알파벳 1개로 나타낸다.

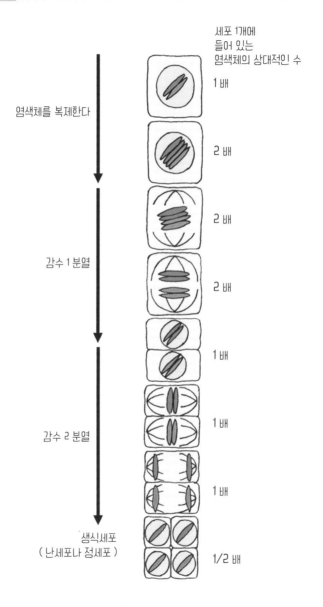

세포 1개에
들어 있는
염색체의 상대적인 수

염색체를 복제한다

1 배

2 배

2 배

감수 1 분열

2 배

1 배

1 배

감수 2 분열

1 배

생식세포
(난세포나 정세포)

1/2 배

> **문제** 줄기의 키가 큰 완두와 줄기의 키가 작은 완두를 교배하면 그 다음 세대에서는 전부 줄기의 키가 큰 완두만 나온다. 그렇다면 이렇게 만들어진 완두들끼리 교배하면 어떤 완두가 나올까? 다음 중 올바른 답을 골라보자.
>
> ㈎ 줄기의 키가 큰 완두만 나온다
> ㈏ 줄기의 키가 큰 완두와 작은 완두가 같은 비율로 나온다
> ㈐ 줄기의 키가 큰 완두와 작은 완두가 3:1의 비율로 나온다
> ㈑ 줄기의 키가 큰 완두와 작은 완두가 2:1의 비율로 나온다

Aa 유전자를 가진 완두끼리 교배해서 나온 완두의 유전자 구성은 다음 쪽의 표와 같이 정리할 수 있다. 우성인 형질을 나타내는 어버이(AA)와 열성인 형질을 나타내는 어버이(aa)를 교배하면 자손 1대의 유전자는 Aa가 되어 모두 우성 형질만 나타내게 된다.

하지만 Aa 유전자를 가진 자손 1대끼리 교배해 만들어진 자손 2대는 유전자 구성이 AA : Aa : aa = 1 : 2 : 1의 비율로 나오기 때문에 키가 큰 완두와 키가 작은 완두의 비율은 3 : 1이 된다.

정답 ㈐

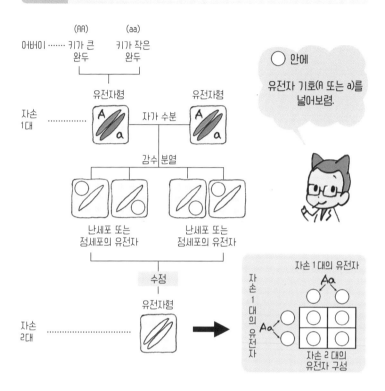

유전자 구성	형질	비율	
AA	줄기의 키가 큼	1	합쳐서 3
Aa	줄기의 키가 큼	2	
aa	줄기의 키가 작음	1	1

귀가 간지러울 때 귓속을 파면 귀지가 나온다. 귀지는 두 종류인데, 바로 희고 말라 있는 마른 귀지와 갈색을 띠고 끈적끈적한 젖은 귀지다. 대체로 흑인과 백인의 90%는 젖은 귀지를, 황인종의 80% 정도는 마른 귀지를 가지고 있으며 한국인은 대부분 마른 귀지를 가진다고 한다.

귀지는 귓속의 피부 중 오래되어 떨어져 나간 세포에 땀, 기름, 먼지가 섞여 만들어진 것이다. 귀의 입구에 있는 구멍인 외이도는 땀샘과 피지선을 가진 피부로 덮여 있다. 외이도에서 땀과 피지가 많이 분비되면 귀지가 끈적끈적해지고 적게 분비되면 건조해진다.

어떤 귀지를 갖게 될지는 유전적으로 정해져 있다. 습성 유전자가 우성이므로 W, 건성 유전자는 열성이므로 w라고 쓴다. 만약 나의 귀지가 건성이라면 세포 안 염색체에 w가 2개 있다는 뜻이다. 아버지와 어머니에게서 w를 하나씩 받은 것이다. 그러면 유전적 구성, 즉 유전자형은 ww이다. 귀지가 습성이라면 세포 안 염색체에 W가 2개 있거나 W와 w가 하나씩 있다는 뜻이다. 이때의 유전자형은 WW이거나 Ww인데, 귀지를 열심히 들여다본다고 해서 유전자형이 둘 중 어느 쪽인지는 알 수 없다. 만약 부모님 중 한쪽이 마른 귀지를 가졌다면 젖은 귀지를 가진 자녀의 유전자형은 Ww이다. 부모님이 모두 젖은 귀지를 가졌고 자녀도 젖은 귀지를 가졌다면 자녀의 유전자형을 알기 어렵다. 자녀가 마른 귀지를 가진 사람과 결혼하고 손자를 많이 낳아서 손자들의 귀지를 확인

하는 수밖에 없다. 손자들 중에서 마른 귀지를 가진 아이가 있다면 자녀의 유전자형은 Ww라는 사실이 판명된다. 단, 젖은 귀지를 가진 손자들만 태어날 가능성도 있으므로 반드시 알아낼 수 있는 것은 아니다.

그림 **귀지의 유전**

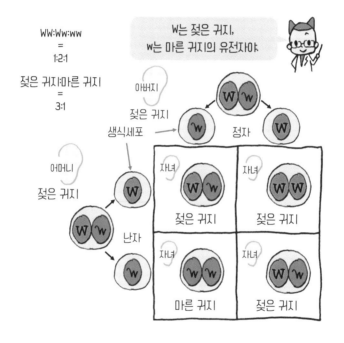

생물의 유전 정보를 담고 있는 물질인 DNA(deoxyribonucleic acid) 의 분자 구조가 세상에 처음 밝혀진 것은 1953년으로, 멘델이 유전 법칙을 발견한 후 90년이나 지난 때였다. 영국 케임브리지 대학에서 연구하던 젊은 과학자 제임스 왓슨과 프랜시스 크릭이 여러 학자들의 연구를 바탕으로 유전 물질의 정체를 분자 수준에서 구체적으로 밝힌 것이다.

　DNA 분자는 사다리를 꼬아놓은 것 같은 '이중 나선 구조'를 이루고 있다. 사다리에서 발로 밟는 부분인 가로대는 A(아데닌), T(타이민), G(구아닌), C(사이토신)라는 네 종류의 염기가 2개씩 짝을 이루고 있다. 이때 A는 언제나 T와 짝을 이루고, G는 언제나 C와 짝을 이룬다. A가 G와 이어지거나 C가 T와 이어지는 일은 없다. 예를 들어, 다음 쪽의 그림처럼 가로대의 왼쪽에 염기가 'CAGAACCAC' 순서로 배열되어 있다면 오른쪽은 'GTCTTGGTG' 순서로 배열되어 있다. 이 사다리에서 짝을 이룬 염기가 떨어지도록 가로대의 중앙을 자르면 왼쪽 기둥과 오른쪽 기둥이 분리된다. 그 상태에서 각 기둥의 염기와 짝을 이루도록 염기를 추가하고 새로운 기둥을 만들면, 처음과 같은 DNA가 2개 만들어진다. 이것을 'DNA 복제'라고 한다. 세포가 분열할 때 DNA 복제가 일어나므로 같은 유전자를 가진 세포가 2개 만들어지는 것이다.

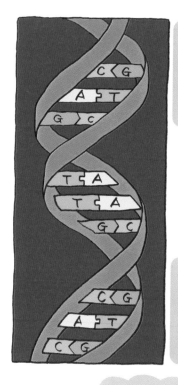

DNA 분자는 사다리를
비틀어놓은 모양을 하고 있어.
이를 이중 나선 구조라고 해.

염기 A는 염기 T와 짝이고
염기 G는 염기 C와 짝이야.

TV에서 DNA 감정이라는 말을 들어본 적이 있어요!
DNA가 같은 사람은 절대로 있을 수 없는 건가요?

음~

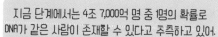

지금 단계에서는 4조 7,000억 명 중 1명의 확률로
DNA가 같은 사람이 존재할 수 있다고 추측하고 있어.

DNA는 정확하게 복제된다. 그런데 아주 드문 일이기는 하지만 염기가 올바르게 짝지어지지 못하는 경우도 있다. 그렇게 되면 유전자가 잘못 작동하게 된다. 예를 들어, 염기 1개가 엉뚱한 염기와 짝을 짓기만 해도 적혈구가 낫 모양으로 변할 수 있다. 이렇게 DNA 구조가 바뀌는 것을 '돌연변이'라고 한다.

돌연변이는 대부분 우연히 일어난다. 하지만 화학물질이나 많은 양의 방사선이 돌연변이를 일으키기도 한다. 난자와 정자 같은 생식세포에 돌연변이가 생기면 멘델의 유전 법칙으로는 예상할 수 없는 형질이 나타나기도 한다.

사진 정상적인 적혈구와 낫 모양 적혈구

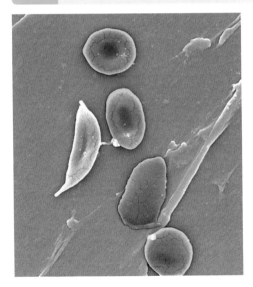

출처: CDC/Sickle Cell Foundation of Georgia: Jackie George, Beverly Sinclair

마트에서 구입한 두부의 겉포장에 "유전자 변형 콩을 사용하지 않습니다"라고 쓰인 문구를 한 번쯤 본 적이 있을 것이다. 우리나라에서는 식품의약품안전처가 승인한 유전자 변형 농산물로 콩, 옥수수, 면화, 유채, 사탕무, 알팔파, 감자 등이 있다. 이것을 사용해 만든 식품 중에서 유전자 변형 DNA가 포함된 제품에는 유전자 변형 농산물을 사용했다는 사실을 표시해야 한다. 다만 제품에 유전자 변형 DNA가 남아 있지 않다면 유전자 변형 농산물을 사용했다는 사실을 표시하지 않아도 된다.

● 유전자 변형 농산물의 특징

유전자 변형 농산물과 정상 농산물의 차이는 유전자 변형 DNA와 그 유전자에 의해 만들어진 단백질에 있다. 예를 들어 유전자 변형 콩에는 토양 세균인 아그로박테리움에서 추출한 유전자가 들어 있다. 이렇게 어떤 생물에서 특정한 유전자를 꺼내고 그것을 다른 생물의 세포에 넣는 것을 '유전자 변형'이라고 한다.

토양 세균에서 꺼낸 유전자를 넣은 콩은 제초제인 글리포세이트를 뿌려도 죽지 않는다. 보통 글리포세이트는 식물이 성장하는 데 꼭 필요한 아미노산을 만드는 효소가 작용하지 못하게 한다. 그래서 식물을 말려 버리는데, 토양 세균의 유전자를 넣은 콩은 제초제의 공격에도 끄떡없다. 토양 세균의 유전자에서 만들어진 효소는 글리포세이트의 영향을 받지 않기 때문이다.

● 유전자 변형 농산물의 문제점

유전자 변형 콩과 정상적인 콩은 우리가 구분할 수 없을 정도로 겉모양과 맛이 비슷하다. 그렇다면 무엇이 문제일까? 유전자 변형 콩에는 다른 종에서 가져온 DNA와 그것에 의해 만들어진 단백질이 있다. 유전자 변형 DNA와 단백질이 우리 몸에서 완전히 분해된다면 우리 몸에 들어와도 아무런 문제가 생기지 않을 것이다. 하지만 단백질이 분해되지 않은 커다란 분자 형태로 장벽을 통해 흡수되면 알레르기 반응을 일으키기도 한다. 어떤 단백질이 알레르기 반응을 일으키는지는 과학적으로 완벽하게 밝혀지지 않았고, 같은 단백질이라도 알레르기 반응을 일으키는 사람과 그렇지 않은 사람이 있다. 따라서 유전자 변형 콩에 포함된 단백질이 안전하다는 평가를 받고, 그것을 사용한 식품을 판매해도 된다고 국가가 허가했더라도 모든 사람에게 100% 안전하다고 장담할 수는 없다. 우리나라에서는 농촌진흥청과 식품의약품안전처 등에서 심사 위원회를 열어 유전자 변형 농산물의 안전성을 평가하고 있다.

한편, 유전자 변형 기술은 농업뿐만 아니라 의료 분야에서도 활발하게 사용되고 있다. 예를 들어 당뇨 환자를 치료하는 데 사용하는 인슐린도 유전자 변형 기술을 사용해 만든다. 인간의 인슐린을 만드는 데 필요한 DNA를 세균에 넣고 그 세균을 증식시켜서 짧은 시간 동안 많은 양의 인슐린을 생산하는 것이다. 앞으로도 유전자 변형 기술은 다양한 분야에서 응용될 것이다. 하지만 생명의 본질인 유전자를 인위적으로 조작하는 기술이라는 점을 잊어서는 안되며, 이 기술이 초래할 위험을 항상 고려해야 한다.

화학에 물리에 생명과학까지!
공부하는 건 너무 힘들어요.

조금만 더 힘내렴.

제7장

생물은 서로 어떤 관계를 맺고 있을까?

생물은 언제나 다른 생물과 서로 영향을 주고받는다. 특히 동물은 다른 생물을 잡아먹어야만 살아남을 수 있다. 먹는 생물과 먹히는 생물의 사이에는 어떤 관계가 있을까? 그리고 생태계를 보호한다는 것은 어떤 의미일까? 이 장에서 이에 대한 답을 찾아보자.

·1· 먹고 먹히는 관계, 먹이 사슬

매는 뱀을 잡아먹고, 뱀은 개구리를 잡아먹고, 개구리는 메뚜기를 잡아먹고, 메뚜기는 논에 있는 벼를 먹는다. 이렇게 먹고 먹히는 관계는 마치 사슬처럼 연결되어 있어서 '먹이 사슬'이라고 부른다.

먹이 사슬은 생물이 살아가는 곳이라면 어디에서든 만들어진다. 먹이 사슬의 출발점은 광합성을 통해 무기물에서 유기물을 합성하는 녹색식물이다. 따라서 녹색식물은 생태계의 '생산자'라고 불린다.

그림 먹이 사슬의 예

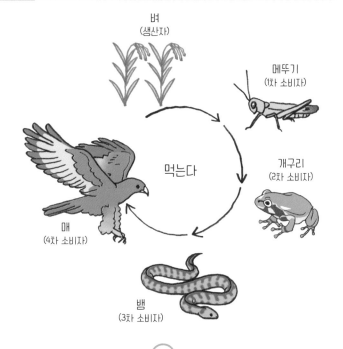

벼
(생산자)

메뚜기
(1차 소비자)

먹는다

개구리
(2차 소비자)

매
(4차 소비자)

뱀
(3차 소비자)

육식 동물은 초식 동물을 먹는다. 초식 동물은 녹색식물을 먹는다. 다른 생물의 몸에 있는 유기물을 사용하기 위해서다. 결국, 동물은 유기물을 사용하기만 한다. 생산자인 녹색식물이 만들어낸 유기물을 직접적으로 먹는 초식 동물과 간접적으로 먹는 육식 동물은 생태계에서 '소비자'라고 불린다.

균류(곰팡이, 버섯)나 세균류(박테리아)는 동물의 사체나 배설물 또는 낙엽이나 마른 가지 같은 유기물을 무기물로 분해하며 살아간다. 따라서 이들은 생태계의 '분해자'라고 불린다.

그림 생산자, 소비자, 분해자

생산자
(녹색식물)

무기물 → 유기물 (광합성)

분해자 (균류, 세균류) ← 소비자(동물)

유기물 → 무기물
(분해)

유기물 → 유기물
(소비)

•2• 안정적인 생태계를 만드는 먹이 그물

생태계에서 동물은 한 가지 생물만 먹는 것이 아니라 다양한 종류의 생물을 먹는다. 따라서 먹이 사슬 여러 개가 복잡한 그물처럼 얽혀 있는데, 이것을 '먹이 그물'이라고 한다. 먹이 그물이 복잡할수록 많은 종류의 생물이 먹고 먹히는 관계를 가지고 있다는 것을 의미하므로 생물이 생존하기에 안정적이다. 만약 먹이 사슬이 하나의 선으로만 되어 있다면, 그 선에 있는 생물이 하나만 없어져도 선에 연결된 모든 생물이 멸종하게 된다.

> **그림** 안정적인 생태계과 불안정한 생태계

안정적인 생태계

생물이 먹고 먹히는 관계가 그물처럼 얽혀 있어서 한 군데가 끊어져도 안정적이다.

앗

불안정한 생태계

생물이 먹고 먹히는 관계가 하나의 사슬로만 이어져 있어서 한 군데가 끊어지면 모두 끝난다.

꺄아

"우리 집 고양이는 괴로워하며 죽어갔습니다." 1950년대 한 어부가 슬픈 목소리로 절규했다. 규슈의 구마모토현 미나마타시에 있는 미나마타만은 1년 내내 물결이 잔잔하고 신선한 물고기를 언제나 잡을 수 있는 풍요로운 어장이었다. 그곳에서 어부는 열심히 고기를 잡았다. 고기잡이를 마치고 집에 돌아오면 너무 작아서 시장에 팔지 못한 물고기를 키우는 고양이에게 주고는 했다. 그런데 몇 주 전부터 고양이의 상태가 이상해지기 시작했다. 처음에는 똑바로 걷지 못했고 머지않아 뒷다리가 계속 떨렸다. 때때로 한자리를 빙빙 돌기도 하고 침을 흘리기도 했다. 그러던 어느 날 죽고 말았다. 당시 미나마타시에서 사람들이 키우던 고양이 121마리 중 무려 74마리가 죽었다는 기록이 남아 있다. 도대체 무엇 때문에 이러한 일이 벌어진 것일까?

● 뇌세포에 침범한 메틸수은

사람들이 불안에 떨고 있던 때 이번에는 원인을 알 수 없는 병으로 쓰러지는 사람들이 생기기 시작했다. 바로 '미나마타병'이었다. 미나마타병은 공장에서 내보낸 폐수에 섞여 있던 메틸수은이 뇌세포에 침범해 생기는 병이다. 메틸수은이 시각을 담당하는 뇌세포를 침범하면 점점 시력을 잃게 된다. 그리고 손과 발을 움직이는 운동을 담당하는 뇌세포를 침범하면 손과 발이 마비되거나 떨리게 된다. 언어를 담당하는 뇌세포를 침범하면 말도 할 수 없게 된다.

메틸수은(공장폐수)

작은 물고기

식물성 플랑크톤

해조류

생물 농축

공장폐수가 굳어진 것

냠냠

냠냠

매일 생물 농축에
노출된 물고기를
먹는다

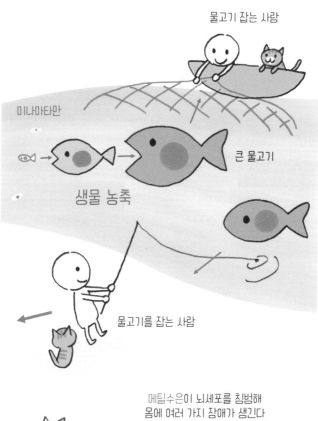

물고기 잡는 사람

미나마타만

큰 물고기

생물 농축

물고기를 잡는 사람

메틸수은이 뇌세포를 침범해
몸에 여러 가지 장애가 생긴다

미나마타만에 흘러든 메틸수은은 식물성 플랑크톤이나 해조류의 몸속에 들어갔고 먹이 사슬을 통해 물고기의 몸에 축적되었다. 그리고 그 물고기를 먹은 고양이와 사람이 메틸수은에 중독된 증상을 보였다. 메틸수은처럼 특정한 물질이 생물의 몸속에 들어가서 쌓이는 현상을 '생물 농축'이라고 한다.

만약 메틸수은이 축적된 물고기에게서 이상한 점을 발견했다면 사람들은 그 물고기를 먹지 않았을 것이고, 고양이에게 주지도 않았을 것이다. 하지만 물고기에게는 아무런 이상이 없어 보였기 때문에 어부와 가족들은 물고기를 먹었다. 그렇다면 왜 메틸수은이 축적된 물고기는 멀쩡한데 그것을 먹은 고양이나 사람은 이상 증세를 나타낸 것일까?

메틸수은은 생물의 역사에서 보면 매우 최근에 인공적으로 만들어진 독극물이었다. 그래서 생물의 몸은 메틸수은의 독성을 분해하거나 몸 밖으로 내보내는 방법을 찾지 못한 상태였다. 따라서 생물의 몸속으로 들어온 메틸수은은 계속 쌓이기만 했다. 그렇게 메틸수은이 축적된 물고기를 매일 먹었으니, 고양이와 사람은 물고기의 수백 배나 되는 메틸수은을 몸속에 축적한 셈이었던 것이다.

·3· 생태 피라미드의 의미

먹이 사슬에서 녹색식물, 초식 동물, 육식 동물 각각의 개체 수를 세어서 순서대로 쌓아올리면 아래 그림처럼 피라미드 모양이 된다. 이것을 '생태 피라미드'라고 한다.

아래 그림을 보면 알 수 있듯이, 피라미드 위쪽으로 갈수록 생물의 몸집은 커지고 개체 수와 총 무게(생물량)는 줄어든다. 소비자가 먹은 먹이의 양만큼 소비자의 몸이 늘어나는 것은 아니기 때문이다. 소비자가 먹은 것의 10%만이 소비자의 몸을 만드는 데 사용된다. 먹은 것의 90%는 호흡이나 운동 같은 생명 활동을 하는 데 필요한 에너지로 사용된다.

그림 생태 피라미드

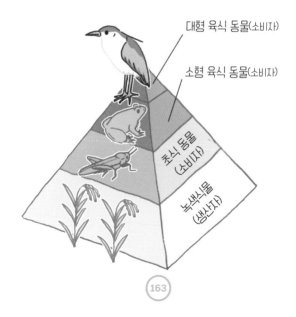

대형 육식 동물(소비자)

소형 육식 동물(소비자)

초식 동물(소비자)

녹색식물(생산자)

참치가 최종 소비자인 바다의 먹이 사슬을 생각해보자. 참치는 길이가 3m에 무게가 400kg이나 되는 대형 물고기다. 이렇게 큰 몸을 유지하기 위해서 참치는 엄청난 양의 고등어를 먹어야 한다. 극단적으로 수치화해서 이야기하자면, 사람이 참치만 먹고 몸무게를 1kg 늘리려면 참치를 10kg이나 먹어야 하고, 참치는 고등어를 100kg 먹어야 하며, 고등어는 정어리를 1톤이나 먹어야 하는 셈이다.

그림 피라미드의 위로 갈수록 생물의 총 무게(생물량)는 줄어든다

한 단계 위로 이동하면 생물의 총 무게는 1/10 로 감소한다

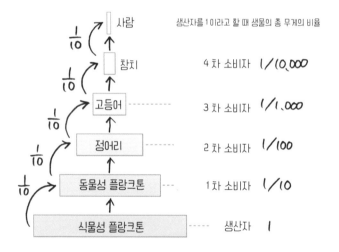

생산자를 1이라고 할 때 생물의 총 무게의 비율

사람		
참치	4차 소비자	1/10,000
고등어	3차 소비자	1/1,000
정어리	2차 소비자	1/100
동물성 플랑크톤	1차 소비자	1/10
식물성 플랑크톤	생산자	1

·4· 생태계 평형을 유지하기 위해

생태계의 생산자와 소비자의 수는 일시적으로 늘거나 줄 수도 있지만 먹고 먹히는 관계를 통해 거의 일정하게 유지된다. 식물을 먹는 초식 동물이 늘어나면, 그 동물을 먹는 육식 동물이 늘어남으로써 초식 동물의 수가 줄어든다. 그리고 초식 동물이 적어지면 육식 동물은 먹이를 얻기 어려워지므로 육식 동물의 수도 줄어든다.

문제 다음 그림은 미국의 카이바브고원에서 발견되는 사슴과 사슴을 잡아먹는 동물의 개체 수가 어떻게 변화했는지 나타낸 것이다. 60%나 되는 사슴이 굶어 죽은 이유를 다음 중에서 골라보자.

(가) 비가 오지 않아서 풀이 말라버렸기 때문에

(나) 사슴의 수가 너무 많이 늘어났기 때문에

(다) 사람이 다른 초식 동물을 고원에 풀어놓았기 때문에

그림 카이바브고원의 개체 수 변화

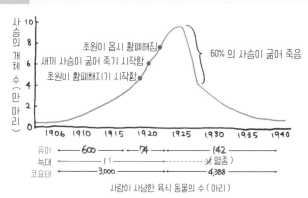

사람이 사냥한 육식 동물의 수(마리)

1905년까지 사슴의 수는 약 4,000마리로 큰 변화 없이 유지되었다. 그런데 사슴을 잡아먹는 퓨마와 코요테를 인간이 대량으로 잡아들이자, 천적이 없어진 사슴은 개체 수가 빠르게 늘어났다. 1925년에는 카이바브고원에 무려 10만 마리나 되는 사슴이 모여 있었다. 비극은 그때부터 시작되었다. 2년 동안 약 60%의 사슴이 굶어 죽었다. 포식자가 없어지자 사슴의 수가 폭발적으로 늘었고 그 많은 사슴이 고원의 풀을 전부 먹어치웠기 때문이다.

생물의 먹이 사슬은 매우 복잡해서 인간이 함부로 개입해선 안 된다. 설사 인간에게 해를 입히는 생물일지라도 먹이 사슬을 구성하는 일원으로서 생태계의 평형을 유지하기 위해 중요한 역할을 하고 있다.

| 정답 | (나) |

| 사진 | 사슴 |

카이바브고원에서 생긴 일은 인간이 먹이 사슬을 끊는 바람에 일어난 비극이었다.

19세기까지만 해도 북아메리카의 중서부에는 푸른 초원이 넓게 펼쳐져 있었다. 그곳에는 약 6,000만 마리나 되는 덩치 큰 아메리카들소들이 자유롭게 살고 있었다. 동시에 아메리카들소를 잡아먹는 늑대와 코요테도 많았고, 프레리도그, 토끼, 족제비 같은 다양한 동물들이 공존하고 있었다.

하지만 지금은 그런 모습을 상상도 할 수 없을 정도로 황폐한 사막으로 남아 있다. 그동안 무슨 일이 있었던 것일까?

사진 아메리카들소

출처: United States Department of Agriculture

● 아메리카들소를 모조리 사냥한 인간

18세기 말부터 사람들은 아메리카들소를 사냥하기 시작했다. 처음에는 음식이나 가죽을 얻기 위해 사냥을 했다. 하지만 어느새 오직 재미를 위해 사냥을 즐기게 되었다. 총을 든 사람들은 아메리카들소를 쫓아다니며 마구잡이로 총을 쐈다. 결국 6,000만 마리 가까이 되던 아메리카들소는 70년 만에 거의 다 사냥당해 모습을 감추게 되었다.

사람들 손에 죽어간 것은 아메리카들소만이 아니었다. 사람들은 자신이 키우는 양과 소를 공격한다는 이유로 늑대와 코요테도 죽였고, 프레리도그가 파놓은 구멍에 말의 발이 빠져서 다친다는 이유로 프레리도그까지 무자비하게 죽였다. 야생동물이 없어진 초원에는 사람들이 키우던 소와 양들이 방목되었다. 소와 양들은 초원의 풀을 모조리 먹어치웠고, 땅을 밟아 딱딱하게 만들어 식물이 자라는 데 꼭 필요한 부드러운 흙이 사라지게 만들었다.

● 땅을 갈아주던 프레리도그도 사라지다

프레리도그는 울음소리가 개와 비슷해서 '도그'라는 이름이 붙여졌다. 프레리도그는 지름이 15cm 정도인 땅굴을 만들어서 산다. 이렇게 파놓은 구멍은 농사를 지을 때 땅을 가는 것과 같은 효과를 주어 식물이 뿌리를 내리고 줄기를 뻗어가는 데 도움을 준다. 이렇게 중요한 역할을 하는 프레리도그가 사람 때문에 사라지자 초원의 흙은 서서히 굳어갔고 식물의 모습은 점점 찾아보기 어려워졌다. 식물이 없는 땅 위에 비가 내리니 표면의 흙은 쉽게 떠내려

갔고, 흙이 없는 토지는 계속 메말라서 더욱 식물이 자라기 어려운 곳이 되었다. 이 모든 불행은 프레리도그가 많이 남아 있었다면 일어나지 않을 일이었다.

사진 **땅굴에 사는 프레리도그**

지렁이는 낙엽이나 마른 풀을 흙과 함께 삼키고 소화해 영양분을 얻는다. 소화되지 않은 것들은 흙과 함께 지렁이의 항문에서 배출된다. 지렁이의 대변은 동그란 구슬 모양인데, 그 사이에 공기가 들어가서 폭신폭신하다. 물이 잘 빠지고 공기와 영양분이 많이 함유된 지렁이의 대변은 식물에게 최고의 흙이다. 지렁이처럼 흙 속에서 생활하며 토지를 비옥하게 해주는 생물을 '토양동물'이라고 한다. 지렁이 외에도 공벌레와 톡토기가 낙엽과 마른 잎을 잘게 분해하는 토양동물에 해당한다.

흙 1g에는 수백만 마리의 균류와 수억 마리의 세균류가 존재한다. 푸른곰팡이나 효모, 그리고 송이버섯이나 표고버섯은 모두 균류이고 다세포 생물이다. 이와 달리 세균은 단세포이며 크기도 작고 분열을 통해 번식한다.

균류와 세균은 낙엽이나 동식물의 사체, 배설물 같은 유기물을 이산화 탄소와 물, 질소 화합물 등의 무기물로 분해하는 역할을 한다. 이러한 분해자가 있기에 지구는 배설물과 사체로 뒤덮이지 않고 유지될 수 있다. 생산자인 녹색식물 역시 땅속의 유기물이 분해되어야만 분해 산물을 광합성에 이용할 수 있다.

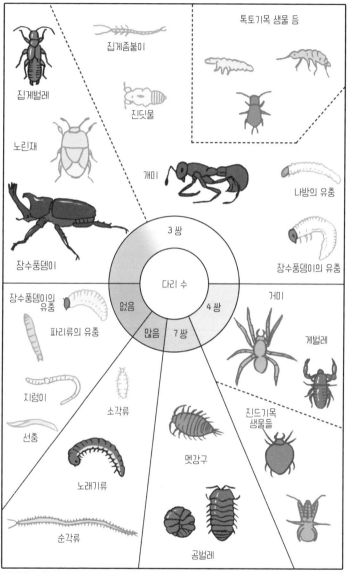

톡토기목 생물 등

집게종붙이

집게벌레

진딧물

노린재

개미

나방의 유충

장수풍뎅이

장수풍뎅이의 유충

3 쌍

다리 수

없음

4 쌍

많음

7 쌍

거미

게벌레

장수풍뎅이의 유충

파리류의 유충

지렁이

선충

소각류

노래기류

멧강구

진드기목 생물들

순각류

공벌레

토양동물도 먹이사슬로 연결되어서 생물 세계를 풍요롭게 만들고 있다.

제8장

생물은 어떻게 진화해왔을까?

지구 환경이 크게 바뀔 때마다 얼마나 많은 생물이 멸종했는지 모른다. 하지만 그러한 변화 덕분에 생물들이 진화한 것도 사실이다. 지금부터 신기하고도 오묘한 생물의 진화에 담긴 궁금증들을 차근차근 풀어가 보자.

·1· 진화란 무엇일까?

진화(evolution)란 지구상의 생물들이 살아가면서 환경에 적응하고 발전해 가는 과정이다. 생물이 진화했음을 보여주는 증거로는 생물의 몸에 남아 있는 상동 기관과 흔적 기관, 그리고 화석이 있다.

● 화석

생물의 화석을 조사하면 과거의 어떤 생물이 진화해 현재와 같은 모습의 생물이 되었는지 유추할 수 있다. 아래 그림은 말과 코끼리의 화석을 보고 당시의 모습을 복원해 연대순으로 나열한 것이다.

그림 말의 진화

그림 코끼리의 진화

● 상동 기관과 흔적 기관

사람의 손, 두더지의 앞발, 고래의 지느러미, 박쥐의 날개를 머릿속에 떠올려보자. 아마 같은 기관이라는 생각은 들지 않을 것이다. 하지만 아래 그림을 보며 골격을 비교해보면 이 동물들의 기원이 같음을 알 수 있다. 이렇듯 겉모습은 달라도 같은 기원에서 시작된 것으로 보이는 기관을 '상동 기관'이라고 한다.

그림 포유류의 앞발 골격

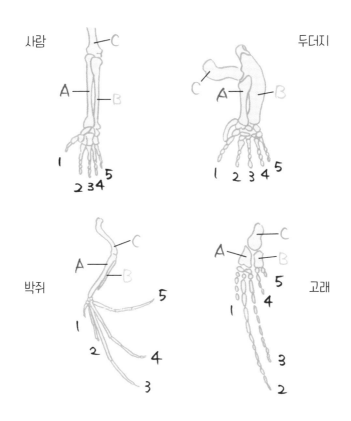

우리가 흔히 떠올리는 고래에게는 발이 없다. 하지만 골격을 살펴보면 발의 흔적을 찾을 수 있다. 이 사실은 옛날에 고래에게 발이 있었다는 증거가 된다. 고래 몸에 남아 있는 넙다리뼈나 궁둥뼈처럼 조상의 몸에 있던 기관이 흔적만 남은 것을 '흔적 기관'이라고 한다. 인간의 몸에도 막창자꼬리나 귀를 움직이는 근육인 이각근 같은 흔적 기관이 있다.

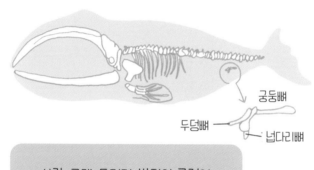

그림 참고래의 뒷발에서 발견되는 흔적 기관

궁둥뼈
두덩뼈
넙다리뼈

사람, 고래, 두더지, 박쥐의 골격이
비슷하게 생긴 것은 그 부분의 기원이
같다는 뜻이야. 이런 기관을
'상동 기관'이라 하고, 몸에 남아 있는
조상의 흔적(고래의 발 부분)은
'흔적 기관'이라고 하지.

전부 다 진화의
증거란 말이네요.

세포 분열을 하면서 유전자가 복제될 때에 가끔 잘못 복제되는 일이 일어난다. 예를 들어 'TTA'인 염기 배열을 그대로 복제하지 못하고 'TAA'로 복제하는 것이다. 이렇게 잘못 만들어진 DNA가 자손에게 전해지면 부모와는 다른 특징을 가진 자녀가 태어나기도 한다. 이러한 DNA 복제 실수나 변화가 부모로부터 자녀에게로 전해지면 돌연변이가 일어난다. 그리고 이 돌연변이를 계기로 개체 사이에 변이가 생긴다.

한편 난자와 정자 같은 생식세포가 만들어질 때도 반드시 유전자 복제가 일어난다. 원시생식세포에는 모양과 크기가 같은 상동 염색체가 있는데, 그 안에 있는 유전자와 염기 배열이 반드시 똑같다고 할 수는 없다. 예를 들어, 한쪽의 염기 배열이 'AAAATTGGC'일 때 다른 한쪽은 'AACTCTGGG'와 같을 수도 있다. 이런 세포에서 난자나 정자가 만들어질 때, 앞에서 다섯 번째의 T가 C로 복제되는 등의 실수가 생긴다. 이렇게 난자나 정자 단계에서 자녀가 부모와 다른 성질을 가지도록 구성된다고 볼 수 있다. 또한 태양으로부터 오는 자외선이나 어떤 종류의 화학물질 때문에 DNA의 일부분이 파괴되는 경우도 있다.

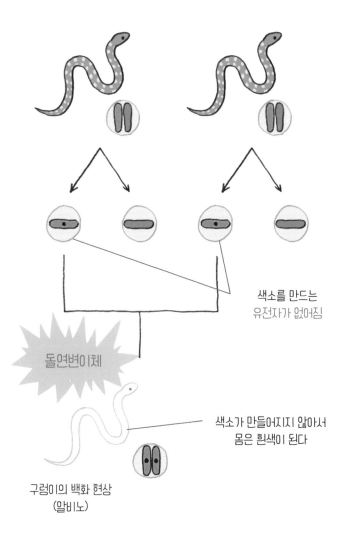

색소를 만드는
유전자가 없어짐

돌연변이체

색소가 만들어지지 않아서
몸은 흰색이 된다

구렁이의 백화 현상
(알비노)

·3· 자연 선택설

돌연변이로 만들어진 형질이 그 생물이 처한 환경에서 살아가는 데 도움이 된다면, 그 형질은 다음 세대에 전해질 가능성이 크다. 그러나 생존하는 데 도움이 되지 않는다면 자손에게 전해지지 않고 사라진다. 이것을 '자연 선택'이라고 한다. 이제부터 자연 선택의 결과를 잘 보여주는 '핀치 연구'에 대해 알아보자.

남아메리카 에콰도르의 해안에서 서쪽으로 약 1,000km 떨어진 곳에 있는 화산섬들을 '갈라파고스제도'라고 부른다. 1973년, 영국 프린스턴 대학의 생태학자인 그랜트 부부는 이 섬들에서 생활하는 작은 새인 핀치를 연구하기 시작했다.

그림 갈라파고스제도

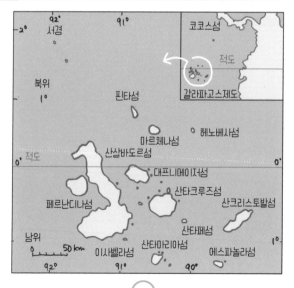

갈라파고스제도에는 14개 종류의 핀치가 살고 있었는데, 그 중에서 대프니메이저섬에는 부리가 비교적 크고 두꺼운 핀치가 1,000마리 정도 있었다. 그 핀치들은 주로 작고 부드러운 씨앗을 먹고 살았다. 그랜트 부부는 대프니메이저섬의 핀치 751마리에게 발찌를 채워서 새들을 구분하고, 정기적으로 날개와 발의 길이, 부리의 두께를 쟀다. 키가 큰 사람도 있고 키가 작은 사람도 있듯이, 같은 핀치라도 날개와 발의 길이, 부리의 두께가 조금씩 달랐다.

1977년, 갈라파고스제도에 극심한 가뭄이 찾아왔다. 보통 우기에는 130mm 정도의 비가 내렸는데, 그해 우기에는 강수량이 24mm밖에 안 되었다. 예년의 20%에도 미치지 못한 양이었다. 가뭄 때문에 많은 식물이 말라버렸고, 그 후 20개월 동안 먹이를 얻지 못해 죽은 핀치가 늘어났다. 대프니메이저섬의 핀치 중 무려 84%가 굶어 죽었다고 기록되었다.

1978년, 살아남은 핀치 중에 90마리를 잡아 부리의 두께를 쟀더니 가뭄 전과 비교해서 부리가 두꺼운 핀치들만 살아남았다. 그 섬에서 핀치가 주로 먹었던 작고 부드러운 씨앗이 열리던 나무는 많이 말라 죽고, 크고 단단한 껍데기에 쌓인 씨앗이 열리는 나무들만 살아남았던 것이다. 그러자 크고 단단한 껍데기를 깰 수 있는 두껍고 튼튼한 부리를 가진 핀치들이 살아남아서 번식한 것이다. 두꺼운 부리를 가진 부모에게서 태어난 자녀는 부모보다 부리가 더욱 두꺼워졌다. 두꺼운 부리를 가진 핀치가 새로운 환경에 적응한 결과였다.

대프니메이저섬에서 부리 두께별 핀치의 분포

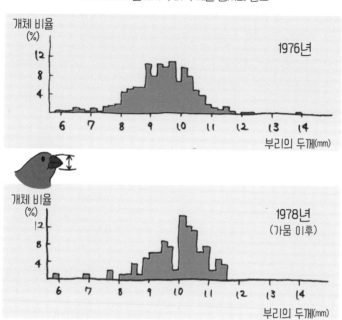

가뭄 이후에는 부리가 두꺼운 핀치가 더 많이 살아남았다.

제9장

인간은 어떻게
탄생했을까?

▼

오늘날 지구는 매우 다양한 생물들이 함께 살고 있는 곳이지만 처음부터 이렇게 활기가 넘쳤던 것은 아니다. 그렇다면 생물은 지구에 어떻게 등장해 그 종류와 수를 늘려온 걸까? 이 장에서는 지구에 살고 있는 생물의 역사에 대해 세세하게 살펴볼 것이다.

최초의 생명은 어떻게 탄생한 것일까? 가장 유력한 가설은 바다에서 생명체를 구성하는 물질이 생겼다는 것이다. 물은 생물의 몸의 70~90%를 차지하며, 당, 아미노산을 비롯해 칼륨 이온과 나트륨 이온 등 매우 다양한 물질을 잘 녹일 수 있다. 뿐만 아니라, 그 과정에서 일어나는 화학 반응이 순조롭게 진행되도록 도와주기 때문에 생명 탄생에는 반드시 물이 필요했을 것이다.

한편, 원시 지구는 땅보다 바다 안이 생물이 더 살기 좋은 환경이었다는 점도 이 가설을 뒷받침한다. 46억 년 전에 지구가 만들어진 순간, 땅 위의 곳곳에서 화산 폭발이 일어났다. 그리고 그때 생긴 많은 양의 수증기가 모여서 구름이 만들어졌다. 구름들 사이에서 천둥이 울렸고 벼락은 해수면까지 떨어졌다. 그 당시에는 태양광에 들어 있는 자외선을 흡수하는 오존층이 없었기 때문에 강렬한 자외선도 해수면까지 닿았다.

원시 지구의 대기는 지금과 달리 이산화 탄소, 수소, 질소로 구성되었다. 번개와 자외선은 바닷속에 녹아 있던 이산화 탄소, 수소, 질소를 이용해 생물체를 만드는 데 필요한 물질을 만들어냈다. 그리고 수억 년이 지난 뒤 그 물질들을 바탕으로 세포가 만들어졌다. 이렇게 긴 시간에 걸쳐 어렵게 탄생한 생물들은 강렬한 자외선에 금세 죽고 말았다. 그렇다 보니 지구에서 처음 탄생한 생물들은 강렬한 자외선이 닿지 않는 물속에서 서서히 번식하기 시작한 것이다.

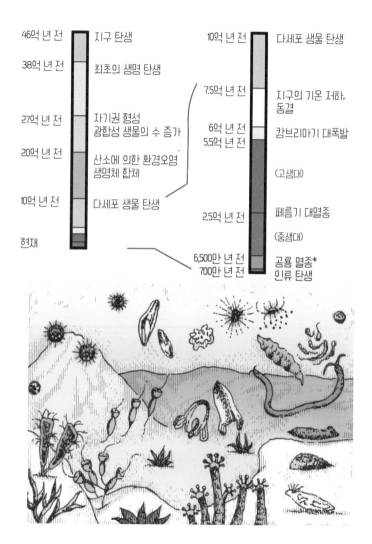

46억 년 전 — 지구 탄생

38억 년 전 — 최초의 생명 탄생

27억 년 전 — 자기권 형성
광합성 생물의 수 증가

20억 년 전 — 산소에 의한 환경오염
생명체 합체

10억 년 전 — 다세포 생물 탄생

현재

10억 년 전 — 다세포 생물 탄생

7,5억 년 전 — 지구의 기온 저하,
동결

6억 년 전
5,5억 년 전 — 캄브리아기 대폭발

(고생대)

2,5억 년 전 — 페름기 대멸종

(중생대)

6,500만 년 전 — 공룡 멸종*
700만 년 전 — 인류 탄생

*: 거대 운석이 지구와 충돌해 해양 생물의 약 90%,
육상 생물의 최대 약 70%를 멸종시켰다고 보는 학설이 있다.

·2· 광합성을 하는 생물이 등장하다

27억 년 전 지구에는 얕은 바다에서 광합성을 해 산소를 만들어내는 사이아노박테리아(남세균)가 출현했다. 사이아노박테리아는 이산화 탄소와 물을 흡수하고, 빛에너지를 사용해 포도당을 만들어내고 산소를 방출했다. 몇 억 년이나 되는 시간 동안 계속해서 산소를 만들어낸 결과, 지구 대기의 성분이 바뀌고 말았다.

사이아노박테리아가 만들어낸 산소는 바닷물 속의 철(이온)을 산

그림 ｜ 스트로마톨라이트의 성장

① 낮

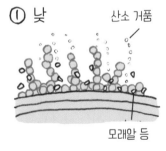

산소 거품

모래알 등

광합성을 하는 사이아노박테리아가 증식하고 산소를 방출한다.

② 밤

사이아노박테리아가 분비한 점액질에 모래알 등이 달라붙는다.

화해 산화 철 층을 만들었다. 그리고 바닷물 속에 산소가 가득 차자 산소는 대기 중으로 방출됐다. 그러면서 성층권에는 오존층이 형성되었고 생물에게 유해한 자외선이 차단되기 시작했다. 이렇게 사이아노박테리아의 광합성 덕분에 지구의 땅은 생물이 살 수 있는 곳으로 변할 수 있었다.

오스트레일리아의 서쪽에 있는 필바라의 지층에서는 사이아노박테리아가 만들어낸 '스트로마톨라이트'라는 화석이 발견되고 있다. 지금도 오스트레일리아의 하멜린 풀에서는 살아 있는 스트로마톨라이트를 볼 수 있는데, 여전히 1년에 0.3mm씩 느린 속도로 성장하고 있다.

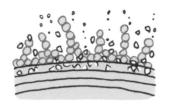

③ 낮

다시 사이아노박테리아가 증식하고 광합성을 시작한다.

④ 밤

①~③이 계속 반복되고 스트로마톨라이트가 층을 이루며 성장한다.

5억 5,000만 년 전, 그때까지는 수십 여 종밖에 되지 않았던 생물이 갑자기 폭발적으로 증가했다. 바로 '캄브리아기 대폭발'이다. 지금 지구 위에 살고 있는 모든 생물의 조상이 그때 거의 다 등장했다.

이때 나타난 동물들의 화석에서는 특이한 점을 찾을 수 있는데, 바로 단단한 껍데기나 척추가 있다는 것이다. 이전 시대의 화석에서는 해파리처럼 껍데기나 척추가 없는 생물만이 발견되었다. 캄브리아기 화석은 오스트레일리아 남부의 에디아카라, 캐나다 로키 산맥의 버제스, 중국 첸장 등에서 발견되었다. 에디아카라에서는 작은 껍데기가 있는 종과 함께 해파리와 같은 종도 많이 발견되었다. 한편, 버제스와 첸장에서는 절지동물이 많이 발견되었다. 버제스에서 찾은 대표적인 동물은 아노말로카리스다. 바닷속에서 살았던 이 동물은 길이가 2m나 되는 힘센 육식 동물이었다.

버제스와 첸장에서 발견된 생물들 중 현재까지 남아 있는 것은 거의 없다. 하지만 살아남은 몇몇 종이 새로운 생물로 진화하기도 했다. 그 시기에 출현한 생물 중에는 척삭이 있는 종도 있었는데, 그 생물이 진화해 척추동물이 되었다. 멍게는 지금도 우리 주변에서 쉽게 볼 수 있는 척삭동물이다(멍게는 암석에 붙어 있어서 움직이지 못하는 것처럼 보이지만 어릴 때는 헤엄쳐서 암석을 찾아다닌다).

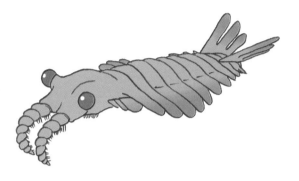

멍게는 현재에도 남아 있는 척삭동물이다.

생물이 땅 위로 진출한 것은 지금으로부터 약 4억 년 전의 일이다. 지구에 생명이 탄생한 것이 38억 년 전이니 무려 30억 년 넘는 긴 시간 동안 땅 위에는 생명이 없었다. 왜 이렇게 긴 시간 동안 생물 은 땅 위로 올라가지 못한 것일까?

첫 번째 이유는, 앞서 말했듯이 태양광에 포함된 강렬한 자외선 때문이다. 바닷속에서 생물이 나타난 뒤, 땅 위에서는 30억 년이나 되는 긴 시간에 걸쳐 자외선을 흡수하는 오존층이 만들어졌다. 물 속에서 광합성을 한 사이아노박테리아와 그 자손인 조류들 덕분이 었다. 그들이 만들어낸 산소는 하늘에서 오존으로 바뀌었다. 태양 에서 나오는 많은 양의 자외선을 충분히 흡수하고도 남을 만큼 두 꺼운 오존층이 생길 때까지, 땅 위는 생물들에게 감히 올라갈 수 없는 두려운 세계였다.

두 번째 이유는, 물 때문이다. 몸속에서 수분이 사라지면 생물은 살 수 없다. 미역을 물 밖에 꺼내어 놓으면 말라버리듯이, 그때까지 물속에서만 살던 생물들이 아무런 준비 없이 땅 위로 올라갔다면 눈 깜짝할 사이에 바짝 말라서 죽고 말았을 것이다. 바다에서 태어 난 생물이 땅 위의 건조함으로부터 자신의 몸을 지킬 준비가 될 때 까지는 많은 시간이 필요했다. 수분 증발을 막는 피부 세포, 공기 중의 산소를 흡수하는 기공과 폐, 땅 위에서 몸을 지탱하는 관다발 과 골격까지 갖춘 뒤에야 생물들은 육상으로 진출할 수 있었다.

·5· 식물이 땅 위로 진출하다

식물이 하나도 없었던 땅 위는 매우 건조하고 낮과 밤의 온도 차가 큰 세계였다. 낮에는 강렬한 태양광이 쏟아져서 급격하게 뜨거워졌다. 하지만 해가 지면 열기가 한순간에 사라지고 추운 밤이 찾아왔다. 비가 오면 빗방울이 지면을 세차게 두드렸고 빗물은 땅을 깎아내면서 빠르게 바다로 흘러들어갔다.

지금으로부터 약 4억 년 전 어느 날, 바다의 밑바닥에서 지각 변동이 일어났다. 바닥이 서서히 상승하면서 해수면을 뚫고 나와 공기 중으로 모습을 드러내게 되었다. 그러자 바닷속 암석에 붙어 있던 식물들은 강렬한 태양광에 무방비로 노출되어 말라서 죽어갔다. 하지만 표피 세포가 있고 몸속에서 일어나는 수분의 증발을 막을 줄 알았던 아주 적은 수의 식물들은 살아남았다. 이윽고 흙 속에서 수분을 흡수하는 뿌리나 땅 위에서 몸을 지탱하는 관다발을 가진 식물도 나타났다. 바로 화석으로 발견된 '리니아'다. 리니아의 가느다란 줄기는 두 갈래로 나뉘지는데, 줄기 끝에 잎은 없고 포자낭이 달려 있었다. 리니아는 양치식물의 조상으로 보인다. 리니아와 매우 비슷하게 생긴 식물을 지금도 찾아볼 수 있는데, 바로 '솔잎난'이라는 식물이다.

리니아는 포자를 땅에 뿌려서 번식했을 것이다. 땅 위는 강한 태양광이 내리쬐었고, 덕분에 물속에 있을 때보다 몇 배나 빠르게 광합성을 할 수 있었다. 활발하게 번식하는 과정에서 줄기가 굵거나 잎이 달린 종들도 나타났을 것이다. 이렇게 생명이 없던 육지가 녹색으로 뒤덮이기 시작했다.

그림 리니아

포자낭

줄기

지구상에서 가장 먼저 땅 위로 올라온 식물은 리니아야. 양치식물의 조상이라고 하지.

줄기뿐이구나. 잎처럼 보이는 건 포자낭인 거네요.

솔잎난은 리니아와 비슷한 식물인데 아직까지 살아 있긴 하지만 멸종 직전이야.

·6· 식물을 따라 동물도 땅 위에 등장하다

식물이 상륙하면 이것을 먹고 사는 동물도 따라 나타나는 게 자연의 이치다. 지금으로부터 약 3억 년 전의 지층에서는 길이가 15cm나 되는 바퀴벌레, 날개를 펼친 길이가 60cm나 되는 잠자리의 화석이 발견되었다. 천적들이 나타나기 전까지 이러한 곤충들은 땅 위에서 번성했을 것이다.

앞서 말했듯이, 식물이 땅 위로 진출한 4억 년 전에 지구에는 급격한 지각 변동이 일어났다. 바닷속에 있던 바위는 공기 중으로 나오게 되었고, 땅 위에 있던 구덩이는 물에 잠겨 호수가 되었다. 이렇게 많은 식물과 동물이 물 때문에 죽어가던 때 다른 한편에서는 공기 호흡을 하는 폐와 땅 위를 돌아다닐 수 있는 손발이 있는 동물이 출현했다. 바로 양서류의 조상이라고 불리는 '이크티오스테가'였다. 이크티오스테가는 실러캔스의 지느러미와 폐어의 폐를 둘 다 가진 물고기가 진화한 생물이다. 실러캔스는 가슴지느러미가 두껍고 튼튼해 땅 위에서도 몸을 지탱할 수 있는 물고기였는데, 이 지느러미가 육상 동물의 손과 발로 진화했다. 하지만 안타깝게도 폐는 없었다. 한편 폐어는 다른 물고기와 달리 폐와 아가미를 모두 가진 물고기였다.

이크티오스테가는 천적이 나타나기 전까지 땅 위에서 대형 곤충을 잡아먹거나 물속에서 물고기를 잡아먹으며 살았다. 그런데 산란기에는 반드시 물가로 돌아가야 했다. 이크티오스테가의 알은

개구리 알처럼 부드러웠고, 단단한 껍데기가 없었기 때문에 물이 필요했고, 따라서 물가를 벗어난 곳까지는 진출하지 못했다.

그림 페어, 실러캔스, 이크티오스테가

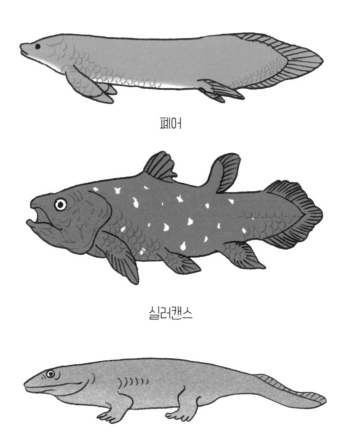

페어

실러캔스

이크티오스테가
이크티오스테가의 몸길이는 약 1m다.

단단한 껍질을 가진 알, 두껍고 수분을 잘 보호하는 강한 피부, 땅 위를 빠르게 이동할 수 있는 근육과 골격. 이 모든 조건들을 갖춘 동물이 출현한 것은 약 3억 년 전이다. 바로 '파충류'다. 아마도 이크티오스테가와 비슷한 종이 긴 시간을 거쳐 진화한 생물일 것이다. 파충류는 무려 1억 8,000만 년이나 되는 시간 동안 다양한 종을 만들어냈고, 바다와 땅과 하늘을 자유롭게 오갔다. 그에 비해 인간은 지구에 출현한 지 700만 년밖에 되지 않았다. 지구의 역사 46억 년을 1년으로 환산했을 때 인류는 고작 13시간, 파충류는 무려 14일 동안이나 살아온 셈이다. 파충류는 인간의 26배나 되는 시간을 지구에서 보낸 것이다.

◉ 공룡의 번성과 멸종 ◉

공룡은 도마뱀 같은 일반적인 파충류와는 달리 몸통의 바로 아래에 다리가 있어서 오늘날 새들과 비슷한 자세로 걸어 다녔다. 이러한 특징 덕분에 공룡의 몸집은 커지고 민첩하게 움직일 수 있었다. 뛰어난 운동 능력과 커다란 몸집 덕분에 공룡은 서식 지역을 넓혀 갔다. 몸길이가 14m에 이빨 하나가 18cm나 되는 티라노사우루스, 몸길이가 22m나 되는 아파토사우루스(브론토사우루스) 등 지구의 역사상 유례없던 크기의 동물들이 출현했다. 하늘과 물속에서도 대형 파충류가 세력을 떨쳤다. 하늘에서는 날개를 펼쳤을 때 길이가 8m나 되는 프테라노돈이 날아다녔고, 물속에서는 몸길이가 10m에 달하는 플레시오사우루스가 유유히 헤엄쳤다.

하지만 이러한 '파충류 천하'도 약 6,500만 년 전에 갑자기 끝나고 말았다. 그 이유를 추정하는 여러 학설이 있는데, 그중 하나가 운석이 지구에 충돌해 지구 환경이 크게 바뀌면서 대형 파충류가 모두 멸종했다고 보는 설이다. 이렇게 공룡이 멸종한 뒤 지구를 채운 동물은 포유류였다.

그림 **지구를 지배한 공룡들**

티라노사우루스

프테라노돈

아파토사우루스(브론토사우루스)

·8· 포유류가 번성하다

지구를 지배하던 공룡이 사라진 곳에는 악어, 도마뱀, 거북이 같은 작은 파충류와 함께 포유류의 조상들이 살아남았다. 포유류는 털이 있어서 언제나 체온을 일정하게 유지한다. 그리고 알이 아닌 새끼를 낳기 때문에, 엄마의 몸 안에서 안전하게 자란 상태로 세상에 나왔다. 게다가 뇌도 발달한 편이어서 세력을 크게 넓힐 수 있었다.

　포유류의 조상은 두더지나 뒤쥐와 비슷한 종이다. 그들은 공룡이 사라지자 여러 종으로 분화하여 지구상의 모든 곳으로 퍼져나갔다. 말과 사슴, 사자와 호랑이, 원숭이, 고래, 박쥐…. 지구 곳곳에 공룡을 대신해 포유류가 번성하기 시작했다.

그림　포유류의 적응 방산*

*: 다양한 환경 조건에 적응하면서 모습과 기능이 진화하고 여러 종으로 분화하는 것

·9· 인류의 진화

지금은 지구상의 모든 생물 위에 군림하는 인간이지만, 인간이 지구에 등장한 것은 다른 생물에 비하면 얼마 되지 않았다. 비교적 짧은 역사를 지닌 인간은 어떻게 진화해왔을까? 지금부터 인류의 진화 과정을 알아보자.

인간은 원숭이와 같은 영장류다. 영장류의 가장 오래된 화석은 미국 몬태나주의 퍼거토리 힐에서 발견되었는데, 지금으로부터 약 6,600만 년 전의 지층에 남아 있었다. 영장류는 시간이 갈수록 몸집이 커졌고 지능도 계속 발달했다. 날씨가 따뜻하고 나무가 우거진 숲이 넓게 펼쳐져 있던 미국 북부는 서서히 춥고 건조해졌다.

그림 인간의 진화

오스트랄로피테쿠스　　　호모 하빌리스　　　호모 에렉투스

이러한 기후 변화는 그 시기의 지층에서 발견된 식물 화석을 보면 알 수 있다. 추운 날씨를 견디지 못한 동물들은 중남미와 유럽으로 이동했다. 그 당시에는 미국 북부와 유럽이 하나의 땅으로 이어져 있었기 때문에 가능한 일이었다. 이렇게 유럽으로 건너간 영장류들은 아프리카 대륙까지 퍼져나갔다.

유인원인 침팬지와 인간의 유전자를 비교해보면 고작 1.23%밖에 차이가 나지 않는다. 그렇다고 해서 침팬지가 진화해 인간이 되는 것은 아니다. 약 700만 년 전 인간의 조상은 침팬지의 조상에서 분리하여 독자적인 진화를 시작했기 때문이다. 이들의 화석이 2001년에 아프리카 중부의 차드호에서 발견되었다. 이들의 뇌 용량은 약 350mL으로 침팬지와 비슷한 수준이었다. 몸집이 침팬지의 암컷과 비슷했고, 숲에 살며 주로 과일을 먹었다. 약 400만 년 전에 오스트랄로피테쿠스가 이들로부터 진화하여 약 120만 년 전

호모 사피엔스

호모 사피엔스 사피엔스

까지 살아남았다. 이들은 과일뿐만 아니라 건조한 콩과 풀뿌리까지 먹었기 때문에 어금니가 커졌다. 뇌 용량도 350~550mL까지 커졌다.

● 도구를 사용하기 시작한 인류

약 230만 년 전 호모 에렉투스의 시대가 열렸다. 그들은 짧은 창 끝에 돌을 동여맨 무기로 무리를 이루어 사냥하기 시작했다. 이들이 살았던 동굴에서는 말, 표범, 곰 등의 뼈가 많이 발견되었다. 뇌 용량은 600~1,200mL로 증가했다. 이후 약 35만 년 전에 등장한 네안데르탈인과 20만 년 전에 등장한 호모 사피엔스는 돌을 얇게 갈아서 끝을 뾰족하게 만든 박편석기를 사용했다. 뇌 용량은 1,200~1,600mL로 현대인과 거의 비슷해졌다. 그리고 현재 우리와 가장 비슷한 호모 사피엔스 사피엔스는 보다 더욱더 얇고 긴 박편석기를 사용했다.

인간은 직립 보행을 하면서 손이 자유로워지자 도구를 만들기 시작했다. 그리고 손을 많이 사용하면서 뇌도 커진 것으로 보인다. 사자처럼 단단한 턱과 이빨도 없고, 말처럼 빠른 다리도 없던 인류의 조상에게 믿을 것은 자신의 손과 뇌뿐이었다. 섬세하게 움직일 수 있는 손과 발달한 뇌를 활용해 동물의 왕인 사자까지 죽일 수 있는 도구를 만들어냈다. 그리고 오랜 시간이 지난 뒤에는 말보다 빨리 달리는 자동차와 새보다 높이 나는 비행기도 만들었다. 이렇게 훌륭한 도구를 만드는 기술은 자손들에게 전해졌고 지금도 계속 발전하고 있다.

아프리카 단일 기원설에 따른 인류 진화의 흐름

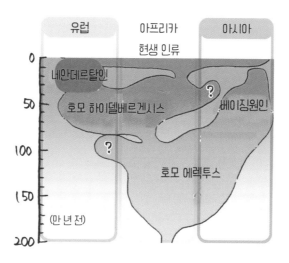

박편석기

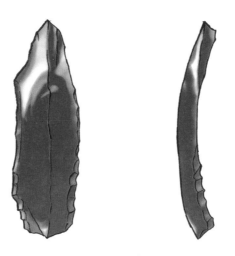

● 빙하기에 살아남은 인류의 조상

아프리카에 출현한 인류의 조상은 세계로 뻗어나가며 수를 늘렸다. 그 시기는 지구에 추운 날씨가 이어지던 '빙하기'였다. 추위 때문에 물이 얼어 해수면이 낮아지자 바다의 밑바닥이 밖으로 드러나면서 바다를 사이에 두고 떨어져 있던 땅들이 이어졌다. 그 덕분에 인간을 비롯한 많은 동물이 북쪽에서 남쪽으로 광범위하게 이동했다.

빙하기라고 해서 지구의 모든 곳이 눈과 얼음으로 덮였던 것은 아니다. 전체적으로 기온이 지금보다 8~9℃ 낮았던 것으로 추정된다. 이때는 오직 자연에만 의지하는 삶이 지금으로부터 1만 년 전까지 계속되었다. 여성과 아이들은 나무 열매를 줍거나 감자를 캐고, 남성은 무리를 지어 사냥을 했다.

● 잡초를 채소로 바꾸고, 멧돼지를 돼지로 바꾼 인간의 힘

옥수수는 지금으로부터 약 7,000년 전에 멕시코 인디오들이 처음 재배했다. 당시 야생에서 자랐던 옥수수는 멸종되어 현재는 모습을 감췄지만, 유적에서 찾은 것을 바탕으로 복원하면 다음의 그림과 같은 모습이다. 씨가 달리는 부분이 고작 2cm밖에 되지 않고 씨는 쌀알 정도의 크기였다. 그리고 씨는 무르익으면 저절로 지면에 떨어졌다.

약 4,000년 전 사람들이 키운 옥수수는 씨가 달리는 부분이 5cm 정도로 커졌다. 그리고 3,500년 전 옥수수는 씨가 가운데 심을 파고들어서 아무리 성숙하더라도 저절로 떨어지지 않게 되었다. 그

후에도 사람들이 씨가 크고 맛있는 옥수수만을 골라서 교배하고 재배하면서 오늘날 우리가 쉽게 볼 수 있는 옥수수가 만들어졌다.

한편, 멧돼지는 숲에서 사는 잡식성 동물이다. 나무의 열매, 풀, 곤충, 지렁이, 민물 게, 개구리, 뱀, 쥐까지 먹는다. 목이 짧고 눈은 작고 시력이 나쁘다. 그 대신에 냄새와 소리에는 매우 민감하다. 멧돼지는 이빨이 날카로운데, 덩치가 큰 수컷의 이빨은 14cm나 된다. 마음먹고 공격하면 말을 한 번에 쓰러뜨릴 수도 있다. 멧돼지는 평소에는 혼자서 생활하는데 번식기가 되면 무리를 이룬다. 일부다처제라서 강한 수컷이 암컷 여러 마리를 독점하며, 암컷은 한 번에 3~8마리의 새끼를 낳는다.

돼지도 멧돼지처럼 잡식성이고 시력은 나쁘지만, 후각이 뛰어나다. 그런데 아주 큰 차이점이 있다. 바로 성격이 온순하고 성장하는 속도가 빠르며 인간이 먹을 수 있는 부분이 많다는 점이다.

약 1만 년 전에 인간은 밭 주위를 서성거리던 멧돼지를 내쫓았고, 가끔은 화살을 쏘아서 잡아먹었다. 그리고 구덩이를 파서 산 채로 잡기도 했다. 산 채로 잡은 멧돼지를 키우면서 그중에 온순하고 살집이 좋은 멧돼지만 골라 몇 대씩 교배한 결과, 현재와 같은 모습의 돼지가 만들어졌다.

38억 년이라는 생명의 역사에서 인간처럼 특이한 동물도 없다. 인간은 다른 동물을 공격할 정도로 발톱이나 이빨이 날카로운 것도 아니고, 다른 동물의 공격을 피해 도망칠 정도로 발이 빠르지도 않은 연약한 존재다. 그런데도 모든 생물의 위에 군림하게 되었다.

게다가 다른 생물들은 생태계의 법칙에 따라 개체 수가 일정하게 유지되는데, 인간은 숫자를 한없이 늘리고 있다. 더구나 자신의 편리함과 쾌적함을 위해서라면 다른 생물을 멸종시키거나 자연을 파괴하는 행동도 서슴없이 한다. 지구는 우리 인간만의 것이 아니라 모든 생물의 것이며, 미래의 자손들에게서 잠깐 빌린 것임을 잊어서는 안 된다.

멧돼지와 돼지의 두개골 비교

멧돼지의 두개골

돼지의 두개골

찾아보기

| ㄱ |

갈고리발톱 74, 75

감수 분열 142, 143

겉씨식물 44

겉뿌리 42

곤충 120, 121

공룡 195

공변세포 37

관다발 40

관상 동맥 92

관상 정맥 92

관상 정맥동 93

광합성 20

광합성량 25

균계 17

균류 57

균사 57

극피동물 63

글리세롤 87

기공 37

기문 120, 121

기제류 73

꽃 43

꽃받침 43, 44

꽃밥 43

꽃잎 43, 44

| ㄴ |

나무 35, 36

난할 132

납작발톱 74

낫 모양 적혈구 150

내골격 111

녹말 26

녹색식물 20, 156

녹조류 51

| ㄷ |

다세포 생물 126
단백질 82, 84
단세포 생물 126
단풍 24
대뇌 103
덩굴 식물 29, 30
돌연변이 150
동맥 91
동맥혈 88, 91
동물 15
동물계 17

| ㄹ |

리그닌 41
리니아 191

| ㅁ |

먹이 그물 158
먹이 사슬 156
멘델 140
면역 100
모여나기형 식물 29
무성 생식 131
무조건 반사 106
무척추동물 115
물관 40
미나마타병 159
밑씨 43, 44

| ㅂ |

박편석기 200
발굽 74
발생 134

백혈구 100

보먼주머니 98

분열 128, 131

분해자 157

분화 133

비료의 3요소 42

| ㅅ |

사구체 98

산호 15

상동 기관 175

생물 14

생물 농축 159, 162

생물의 5계 17

생물의 총 무게 164

생산자 156

생식 131

생식세포 131

생태 피라미드 163

생활형 29

선태식물 52, 53

세균 170

세포 124

세포 호흡 82

세포막 125

세포벽 125

세포의 수명 130

세포질 125

셀룰로스 82

소비자 157

소화계 85

속씨식물 44

수그루 53

수꽃 44

수분 47

수술 43

수염뿌리 42

수의 운동 104

스트로마톨라이트 187

사이아노박테리아 186

식물 18, 38, 50, 58

식물계 17

신경 세포 103, 105

실러캔스 114, 193

심장 91

심재 41

쌍떡잎식물 56

쓸개즙 87

씨방 43, 44

| ㅇ |

아노말로카리스 188

아리스토텔레스 18

아밀레이스 87

아파토사우루스 195

안토사이아닌 24

암그루 53

암꽃 43, 44

암세포 129

암술 43, 44

암술머리 43, 44

액포 125

야맹증 90

양안시 68

양치식물 54

연체동물 97, 115, 118

열성 141

염기 148

엽록소 23

엽록체 23

오스트랄로피테쿠스 80, 199

외골격 111

외떡잎식물 56

외투막 118

요독 99

우성 141

우심방 93

우심실 93

우열의 원리 142

우제류 73

원뇨 98

원뿌리 42

원생동물 63

원생생물계 17

원숭이 77

원핵생물계 17

원형질 90

유기물 20, 81

유성 생식 131

유전 140

유전자 142

유전자 변형 151, 152

이산화 탄소 19, 20, 27, 39

이중 나선 148

이크티오스테가 193

인대 118

인산 칼슘 127

인슐린 152

일산화 탄소 중독 94

입수관 118

|ㅈ|

자연 선택 179

자웅 동체 117

자율 신경계 104

자포동물 63

잭과 콩나무 30

저체온증 107

적혈구 96, 130

전엽체 55

전이 129

절지동물 115, 120

정맥 91

정맥혈 91

조류 50

종자식물 43, 56, 135

좌심방 93

좌심실 93

증산 37

지방 82, 86, 90

지방 세포 127

지방산 88

직립 보행 80

직립형 식물 29

진화 174

|ㅊ|

척삭 113

척삭동물 188

척추동물 110

체관 40

체성 신경계 104

출수관 118

충매화 47

|ㅋ|

카로티노이드 25

캄브리아기 대폭발 188

콜라겐 127

콩팥 98

쿡소니아 52

|ㅌ|

탄수화물 20, 82

토양동물 170

티라노사우루스 195

| ㅍ |

파충류 111, 195

판막 91

폐동맥 91

폐어 114

폐정맥 91

폐포 95

포도당 26, 82

포복형 식물 29

포유류 74, 197

포자 53, 57

포자낭 52, 55

풀 35

풍매화 47

프테라노돈 196

플랑크톤 50

| ㅎ |

항체 101

해면동물 63

핵 125

헛뿌리 51

헤모사이아닌 97

혈소판 96

혈장 96

형성층 41

호모 사피엔스 200

호모 사피엔스 사피엔스 80, 200

호모 에렉투스 80, 200

호모 하빌리스 80

호흡 38

화석 174

환형동물 115, 116

흔적 기관 176

| 기타 |

DNA 148

처음부터 생명과학이 이렇게 쉬웠다면

제1판 1쇄 발행 | 2021년 3월 26일
제1판 5쇄 발행 | 2024년 5월 10일

지은이 | 사마키 다케오, 사마키 에미코
옮긴이 | 이정현
감수자 | 박재근
펴낸이 | 김수언
펴낸곳 | 한국경제신문 한경BP

주소 | 서울특별시 중구 청파로 463
기획출판팀 | 02-3604-590, 584
영업마케팅팀 | 02-3604-595, 562   FAX | 02-3604-599
H | http://bp.hankyung.com   E | bp@hankyung.com
F | www.facebook.com/hankyungbp
등록 | 제 2-315(1967. 5. 15)

ISBN 978-89-475-4695-9   44470
      978-89-475-4696-6   44400(세트)